T0236084

Wissenschaftliche Reihe
Fahrzeugtechnik Universität Stuttgart

Reihe herausgegeben von
Michael Bargende, Stuttgart, Deutschland
Hans-Christian Reuss, Stuttgart, Deutschland
Jochen Wiedemann, Stuttgart, Deutschland

Das Institut für Verbrennungsmotoren und Kraftfahrwesen (IVK) an der Universität Stuttgart erforscht, entwickelt, appliziert und erprobt, in enger Zusammenarbeit mit der Industrie, Elemente bzw. Technologien aus dem Bereich moderner Fahrzeugkonzepte. Das Institut gliedert sich in die drei Bereiche Kraftfahrwesen, Fahrzeugantriebe und Kraftfahrzeug-Mechatronik. Aufgabe dieser Bereiche ist die Ausarbeitung des Themengebietes im Prüfstandsbetrieb, in Theorie und Simulation. Schwerpunkte des Kraftfahrwesens sind hierbei die Aerodynamik, Akustik (NVH), Fahrdynamik und Fahrermodellierung, Leichtbau, Sicherheit, Kraftübertragung sowie Energie und Thermomanagement – auch in Verbindung mit hybriden und batterieelektrischen Fahrzeugkonzepten. Der Bereich Fahrzeugantriebe widmet sich den Themen Brennverfahrensentwicklung einschließlich Regelungs- und Steuerungskonzeptionen bei zugleich minimierten Emissionen, komplexe Abgasnachbehandlung, Aufladesysteme und -strategien, Hybridsysteme und Betriebsstrategien sowie mechanisch-akustischen Fragestellungen. Themen der Kraftfahrzeug-Mechatronik sind die Antriebsstrangregelung/Hybride, Elektromobilität, Bordnetz und Energiemanagement, Funktions- und Softwareentwicklung sowie Test und Diagnose. Die Erfüllung dieser Aufgaben wird prüfstandsseitig neben vielem anderen unterstützt durch 19 Motorenprüfstände, zwei Rollenprüfstände, einen 1:1-Fahrsimulator, einen Antriebsstrangprüfstand, einen Thermowindkanal sowie einen 1:1-Aeroakustikwindkanal. Die wissenschaftliche Reihe „Fahrzeugtechnik Universität Stuttgart" präsentiert über die am Institut entstandenen Promotionen die hervorragenden Arbeitsergebnisse der Forschungstätigkeiten am IVK.

Reihe herausgegeben von

Prof. Dr.-Ing. Michael Bargende
Lehrstuhl Fahrzeugantriebe
Institut für Verbrennungsmotoren und
Kraftfahrwesen, Universität Stuttgart
Stuttgart, Deutschland

Prof. Dr.-Ing. Hans-Christian Reuss
Lehrstuhl Kraftfahrzeugmechatronik
Institut für Verbrennungsmotoren und
Kraftfahrwesen, Universität Stuttgart
Stuttgart, Deutschland

Prof. Dr.-Ing. Jochen Wiedemann
Lehrstuhl Kraftfahrwesen
Institut für Verbrennungsmotoren und
Kraftfahrwesen, Universität Stuttgart
Stuttgart, Deutschland

Weitere Bände in der Reihe http://www.springer.com/series/13535

Tobias Miunske

Ein szenarienadaptiver Bewegungsalgorithmus für die Längsbewegung eines vollbeweglichen Fahrsimulators

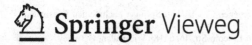

Springer Vieweg

Tobias Miunske
IVK, Fakultät 7, Lehrstuhl für
Kraftfahrzeugmechatronik
Universität Stuttgart
Stuttgart, Deutschland

Zugl.: Dissertation Universität Stuttgart, 2020

D93

ISSN 2567-0042   ISSN 2567-0352   (electronic)
Wissenschaftliche Reihe Fahrzeugtechnik Universität Stuttgart
ISBN 978-3-658-30469-0   ISBN 978-3-658-30470-6   (eBook)
https://doi.org/10.1007/978-3-658-30470-6

Die Deutsche Nationalbibliothek verzeichnet diese Publikation in der Deutschen National-
bibliografie; detaillierte bibliografische Daten sind im Internet über http://dnb.d-nb.de abrufbar.

© Springer Fachmedien Wiesbaden GmbH, ein Teil von Springer Nature 2020
Das Werk einschließlich aller seiner Teile ist urheberrechtlich geschützt. Jede Verwertung, die
nicht ausdrücklich vom Urheberrechtsgesetz zugelassen ist, bedarf der vorherigen Zustimmung
des Verlags. Das gilt insbesondere für Vervielfältigungen, Bearbeitungen, Übersetzungen,
Mikroverfilmungen und die Einspeicherung und Verarbeitung in elektronischen Systemen.
Die Wiedergabe von allgemein beschreibenden Bezeichnungen, Marken, Unternehmensnamen
etc. in diesem Werk bedeutet nicht, dass diese frei durch jedermann benutzt werden dürfen. Die
Berechtigung zur Benutzung unterliegt, auch ohne gesonderten Hinweis hierzu, den Regeln des
Markenrechts. Die Rechte des jeweiligen Zeicheninhabers sind zu beachten.
Der Verlag, die Autoren und die Herausgeber gehen davon aus, dass die Angaben und Informationen in diesem Werk zum Zeitpunkt der Veröffentlichung vollständig und korrekt sind.
Weder der Verlag, noch die Autoren oder die Herausgeber übernehmen, ausdrücklich oder
implizit, Gewähr für den Inhalt des Werkes, etwaige Fehler oder Äußerungen. Der Verlag bleibt
im Hinblick auf geografische Zuordnungen und Gebietsbezeichnungen in veröffentlichten Karten
und Institutionsadressen neutral.

Springer Vieweg ist ein Imprint der eingetragenen Gesellschaft Springer Fachmedien Wiesbaden
GmbH und ist ein Teil von Springer Nature.
Die Anschrift der Gesellschaft ist: Abraham-Lincoln-Str. 46, 65189 Wiesbaden, Germany

Für den gläubigen Menschen steht Gott am Anfang,
für den Wissenschaftler am Ende aller seiner Überlegungen.

Max Planck

Für Esther.

Vorwort

Die vorliegende Arbeit entstand während meiner wissenschaftlichen Tätigkeit am Institut für Verbrennungsmotoren und Kraftfahrwesen (IVK) der Universität Stuttgart und dem Forschungsinstitut für Kraftfahrwesen und Fahrzeugmotoren Stuttgart (FKFS).

An erster Stelle möchte ich mich bei Herrn Prof. Dr.-Ing. H.-C. Reuss, dem Leiter des Lehrstuhls für Kraftfahrzeugmechatronik, für das Ermöglichen und die Förderung dieser Arbeit bedanken. Ihm gilt mein aufrichtiger Dank für die mir eingeräumten fachlichen Freiräume und Gestaltungsmöglichkeiten bei der Umsetzung. Frau Prof. Dr.-Ing. C. Tarín danke ich für die Übernahme des Mitberichts vom Institut für Systemdynamik.

Bedanken möchte ich mich bei Dr.-Ing. Gerd Baumann, dem Leiter des Bereichs für Kraftfahrzeugmechatronik und Software für die harmonische Zusammenarbeit und das entgegengebrachte Vertrauen. Auch bedanke ich mich bei meinen Fahrsimulator-Kollegen Herr Dipl.-Ing. Christian Holzapfel, Herr Dipl.-Ing. Martin Kehrer, Herr Dipl.-Ing. Anton Janeba, Herr Dr.-Ing. Jürgen Pitz und Herr Dipl.-Ing. Edwin Baumgartner für die zahlreichen guten und hilfreichen Diskussionen, die tolle Zusammenarbeit und nicht zuletzt die gemeinsamen Erprobungen und Umsetzungen am Fahrsimulator. Danken möchte ich auch meinem Studenten Jonathan Lehmann für die gründliche Untersuchung der Realfahrt-Probandenstudie.

Außerdem möchte ich bei meinen Eltern bedanken, die mich bei meinem Studium und der Promotion immer gefördert und unterstützt haben. Zuletzt möchte ich mich von ganzem Herzen bei meiner Frau Esther, meinem Sohn Silas und meiner Tochter Elisa bedanken, die mich beim Entstehen dieser Arbeit oftmals entbehren mussten. Ihr wart mir in dieser Zeit eine Quelle neuer Kraft und Durchhaltevermögens auf dem Weg zum Abschluss dieser Promotion.

Weinstadt   Tobias Miunske

Inhaltsverzeichnis

Abbildungsverzeichnis

Tabellenverzeichnis

Abkürzungsverzeichnis

ADAS	Advanced Driver Assistance Systems
B	Beschleunigung
CAA	Coordinated-Adaptive-Algorithmus
CHRA	Coordinated-Head-Rotation-Algorithmus
CWA	Classical-Washout-Algorithmus
DoF	Degrees of Freedom
fA	fahrspurbasierter Algorithmus
FB	Fragebogen
FKFS	Forschungsinstitut für Kraftfahrwesen und Fahrzeugmotoren Stuttgart
FTCA	Fast-Tilt-Coordination-Algorithmus
GB	Geschwindigkeitsbegrenzung
GPS	Global Positioning System
H	Hexapod
HIL	Hardware in the Loop
ISO	International Organization for Standardization
IVK	Institut für Verbrennungsmotoren und Kraftfahrwesen
KF	Kompensationsfilter
konst	konstant
KOS	Koordinatensystem
MC	Motion-Cueing
MCA	Motion-Cueing-Algorithmus

MFA	Multi-Freiheitsgrad-Algorithmus
MIL	Model in the Loop
MPA	modellprädiktiver Motion-Cueing-Algorithmus
nHP	nichtlineares Hochpassfilter
NVH	Noise Vibration Harshness
OCA	Optimal-Control-Algorithmus
PKW	Personenkraftwagen
RMSE	Root Mean Square Error
S	Schlitten
SA	Straßenabschnitt
SAA	Szenarienadaptiver Motion-Cueing-Algorithmus
SAE	Society of Automotive Engineers
SIL	Software in the Loop
SISO	Single Input Single Output
SSQ	Simulator Sickness Questionnaire
SW	Schwellwert
TC	Tilt-Coordination
V	Verzögerung

Symbolverzeichnis

$g(t)$	Übertragungsverhalten eines Systems im Zeitbereich	
K_P	Verstärkungsfaktor des PD-Reglers	
$k_S^*(t)$	zeitvariante stationäre Verstärkung des adaptiven Schlittensystems	
$k_{TC}^*(t)$	zeitvariante stationäre Verstärkung der adaptiven Tilt-Coordination	
$k_{\hat{T},B}(S_B)$	lineare Skalierungsfunktion der Beschleunigungsschwellwerte des adaptiven Schlittensystems	
$k_{\hat{T},V}(S_V)$	nichtlineare Skalierungsfunktion der Verzögerungsschwellwerte des adaptiven Schlittensystems	
k	stationäre Verstärkung	
κ	Straßenkrümmung	$1/\mathrm{m}$
$\mathcal{L}$	Laplace-Transformation	
P	Steuerbarkeits-Matrix der Schlittenvorsteuerung	
$p_B(t)$	Bremspedalstellung	
$p_F(t)$	Fahrpedalstellung	
R	Kurvenradius	m
Σ_{VS}	System der Schlittenvorsteuerung	
s_{nA}	Wegdistanz zum nächsten Attribut der Vorsteuerung	m
s	Laplace-Variable	
S_{B_i}	Schwellwerte unterschiedlicher Beschleunigungen	m/s^2
S_{k_i}	Schwellwerte unterschiedlicher Beschleunigungen und Verzögerungen	m/s^2
S_N	Beschleunigungsschwellwert der Normalfahrt	m/s^2
S_{V_i}	Schwellwerte unterschiedlicher Verzögerungen	m/s^2
$\hat{T}_{\tilde{S}S}$	Transformationsmatrix der Schwellwerte des adaptiven Schlittensystems	
T_{VS}	benötigte Zeit der Vorsteuerung	s
T_V	Vorhaltzeit des PD-Reglers	s

T_B	benötigte Zeit für den Beschleunigungsvorgang	s
T_{pB}	Zeit der Bremspedalbedienung	s
T_{pF}	Zeit der Fahrpedalbedienung	s
$T_P(t)$	adaptive Zeitkonstante des PD-Reglers	s
$\tilde{T}$	Transaktionen des ereignisdiskreten Systems	
$\Delta T_{i,j_0 j_1}$	Umschaltdauer der trigonometrischen Umschaltfunktion	s
t	Zeit	s
$U(s)$	Eingang eines Systems im Bildbereich	
$\mathcal{U}_S$	Stabilitätsraum der Filterparameter des adaptiven Schlittensystems	
$u_{S,PD}$	Eingangsvariable des PD-Reglers	
u_S	Eingangsvariable des adaptiven Schlittensystems	
u_{VS}	Eingangsvariable der Schlittenvorsteuerung	
u_{TC}	Eingangsvariable der adaptiven Tilt-Coordination	
$\mathcal{U}_{TC}$	Stabilitätsraum der Filterparameter der adaptiven Tilt-Coordination	
$u(t)$	Eingang eines Systems im Zeitbereich	
$\ddot{x}_{Fzg}$	Eingang des Schlittensystems	m/s^2
$\mathbf{x}_{S,0}$	Anfangszustandsvektor des adaptiven Schlittensystems	
$\mathbf{x}_{VS,0}$	Anfangszustandsvektor der Schlittenvorsteuerung	
$\mathbf{x}_{TC,0}$	Anfangszustandsvektor der adaptiven Tilt-Coordination	
$\mathbf{x}_{VS}$	Zustandsvektor der Schlittenvorsteuerung	
$\mathbf{x}_S$	Zustandsvektor des adaptiven Schlittensystems	
$\Delta \dot{x}_{Fzg,sl}$	Differenzgeschwindigkeit des Fahrzeugs bezüglich des nächstliegenden speedlimit-Attributs	m/s
$\Delta \dot{x}_{Fzg}$	Differenzgeschwindigkeit des Fahrzeugs	m/s
$\dot{x}_{sl}$	nächstliegendes speedlimit-Attribut	m/s

$\mathbf{x}_{TC}$	Zustandsvektor der adaptiven Tilt-Coordination	
$x_{VS,S}$	Weg der Schlittenvorsteuerung	m
$\dot{x}_{VS,S}$	Schlittenvorsteuerungsgeschwindigkeit	m/s
$\ddot{x}_{VS,S}$	Schlittenvorsteuerungsbeschleunigung	m/s^2
x_{Fzg}	zurückgelegter Fahrzeugweg	m
$\dot{x}_{Fzg}$	Fahrzeuggeschwindigkeit	m/s
$\ddot{x}_{Fzg}$	Fahrzeugbeschleunigung	m/s^2
x_H	Longitudinale Bewegung des Hexapods	m
$\ddot{x}_S$	Schlittenbeschleunigung	m/s^2
$\tilde{\ddot{x}}$	optimale Wahrnehmungsschwelle der Schlittenbeschleunigung	m/s^2
x_S	Longitudinale Bewegung des Schlittensystems	m
$\ddot{x}_{TC}$	dargestellte Beschleunigung durch die Tilt-Coordination	m/s^2
$Y(s)$	Ausgang eines Systems im Bildbereich	
$\ddot{y}_{Fzg}$	Zentripetalbeschleunigung des Fahrzeugs	m/s^2
y_S	Laterale Bewegung des Schlittensystems	m
$y_{S,PD}$	Ausgangsvariable des PD-Reglers	
$\mathbf{y}_S$	Ausgangsvektor des adaptiven Schlittensystems	
$\mathbf{y}_{VS}$	Ausgangsvektor der Schlittenvorsteuerung	
$\mathbf{y}_{TC}$	Ausgangsvektor der adaptiven Tilt-Coordination	
$y(t)$	Ausgang eines Systems im Zeitbereich	
y_H	Laterale Bewegung des Hexapods	m
z	flacher Ausgang der Schlittenvorsteuerung	
$z_{VS}^*(t)$	glatte Referenztrajektorie der Schlittenvorsteuerung	
z_{TC}	nichtlineare Filterfunktion der Tilt-Coordination	
$z_{\theta_{TC}}$	lineare Filterfunktion der Tilt-Coordination	
$z_{i,j_0 j_1}^*(t)$	trigonometrische flache Umschaltfunktion	m
z_H	Vertikale Bewegung des Hexapods	m
z_{VS}^*	flache Stelltrajektorie des Schlittenvorsteuerungwegs	m

$\dot{z}_{VS}^*$	flache Stelltrajektorie der Schlittenvorsteuerungsgeschwindigkeit	m/s
$\ddot{z}_{VS}^*$	flache Stelltrajektorie der Schlittenvorsteuerungsbeschleunigung	m/s^2
Δz_{VS}^*	diskreter Verfahrweg der Schlittenvorsteuerung	m

Griechische Buchstaben

ϵ	Epsilon-Umgebung	
λ_{Fahrer}	Anpassungsfaktor Fahrer	
$\mu_{yh,max}$	maximaler Haftbeiwert für die Querbewegung des Fahrzeugs	
$\omega_S^*(t)$	zeitvariante Grenzfrequenz des adaptiven Schlittensystems	
$\omega_{TC}^*(t)$	zeitvariante Grenzfrequenz der adaptiven Tilt-Coordination	
ω	Grenzfrequenz eines Filters	
$\varphi(\ddot{x}_{Fzg})$	Dichtefunktion einer Normalverteilung	
ϕ_H	Rollbewegung des Hexapods	rad
ϕ_{TC}	Rollbewegung des Hexapods durch die Tilt-Coordination	rad
ψ_H	Gierbewegung des Hexapods	rad
$\sigma(t)$	Einheitssprung im Zeitbereich	
$\hat{\theta}_{TC}$	Transformation der Tilt-Coordination	rad
θ_H	Nickbewegung des Hexapods	rad
θ_{TC}	Nickwinkel des Hexapods durch die Tilt-Coordination	rad
$\dot{\theta}_{TC}$	Nickwinkelrate des Hexapods durch die Tilt-Coordination	rad/s
$\ddot{\theta}_{TC}$	Änderung der Nickwinkelrate des Hexapods durch die Tilt-Coordination	rad/s^2

Indizes

B	Beschleunigung
Fzg	Fahrzeug

H	Hexapod
HP_2	Hochpass 2. Ordnung
HP_3	Hochpass 3. Ordnung
min	minimal
max	maximal
N	Normalfahrt
S	Schlitten
skal	skaliert
TP	Tiefpass
KF	Kurvenfahrt
VS	Vorsteuerung
V	Verzögerung

Schreibweisen

$\mathbf{A}$	matrizielle Beispielgröße
$\mathbf{A}^{-1}$	$\mathbf{A}$ invertiert
$\mathbf{a}$	vektorielle Beispielgröße
$\mathbf{a}^T$	transponierter Vektor
a	skalare Beispielgröße
a_0	Anfangszustand

Abstract

In recent decades, the number of full-motion driving simulators has increased significantly. This rise has great implications for research and development, especially in the technological advancement of driver experience. The challenge therein lies in creating a realistic representation of the simulation environment. To that end, so-called motion cueing algorithms, which are expected to provide drivers with a realistic motion simulation experience, can be adopted. However, the implementation of such algorithms in driving simulation would require for a large number of boundary conditions to be met. In addition, it is crucial that drivers' experiences are well-integrated.

Past research has dealt with numerous different approaches based on the filtering of acceleration signals. The present work takes a novel approach to existing motion cueing algorithms: First, a suitable coupling between hexapod and table system is designed. Next, an intensive investigation of a real driving study is conducted in order to identify driving dynamic scenarios and categorize them afterwards. The algorithm presented in this paper considers such scenarios and adapts itself automatically during runtime. In order to unfold the simulators' potential, a flatness-based feed-forward control is designed, which focuses especially on human perception thresholds, the simulation environment and vehicle data.

The proposed motion cueing algorithm is finally examined both objectively and subjectively for its improvements and increased degree of realism, through comparison with existing algorithms from the literature. The present work thereby displays an optimization in the full-motion driving simulation.

Kurzfassung

In den letzten Jahrzehnten hat die Anzahl vollbeweglicher Fahrsimulatoren stark zugenommen. Insbesondere in Forschung und Vorentwicklung lassen sich damit zukunftsträchtige Untersuchungen und maßgebende Entscheidungen applizieren. Die Herausforderung besteht dabei in einer möglichst realistischen Darstellung der Umgebungssimulation. Dazu gehören auch sogenannte Motion-Cueing-Algorithmen, welche den Fahrern eine realitätsnahe Bewegungssimulation ermöglichen sollen. Herausfordernd sind dabei eine Vielzahl einzuhaltender Randbedingungen und die gleichzeitige Integration des Fahrers, den es in geeigneter Weise zu beeinflussen gilt.

In der Vergangenheit wurden bereits eine Vielzahl unterschiedlichster Ansätze verfolgt, welche auf der Filterung von Beschleunigungssignalen basieren. Die vorliegende Arbeit beschäftigt sich mit einem neuartigen Ansatz bestehender Motion-Cueing-Algorithmen. Dazu wird zuerst eine geeignete Kopplung zwischen Hexapod und Schlitten entworfen. Weiterhin findet eine intensive Untersuchung einer Realfahrtstudie statt, um fahrdynamische Szenarien zu erkennen und diese anschließend zu typisieren. Der in dieser Arbeit vorgestellte Algorithmus berücksichtigt derartige Szenarien und passt sich adaptiv zur Laufzeit an. Damit der Fahrsimulator sein gesamtes Potential entfalten kann, wird zudem eine flachheitsbasierte Vorsteuerung entworfen, welche sich insbesondere an menschlichen Wahrnehmungsschwellen, der Simulationsumgebung und fahrzeugspezifischen Daten orientiert.

Nach der Vorstellung des gesamten Motion-Cueing-Algorithmus wird dieser schließlich objektiv und subjektiv in einer Expertenstudie auf Verbesserungen und den gestiegenen Realitätsgrad untersucht, wobei bestehende Algorithmen aus der Literatur als Referenz herangezogen werden. Die vorliegende Arbeit kann nicht zuletzt dadurch eine Optimierung in der vollbeweglichen Fahrsimulation vorweisen.

1 Einleitung und Motivation

In den vergangenen Jahrzehnten konnte eine drastische Zunahme von virtuellen Methoden zur Produkt- und Prozessentwicklung in der Automobilindustrie beobachtet werden. Ein wesentlicher Vorteil besteht dabei in der Ermöglichung von frühzeitigen Entscheidungen in der Forschungs- und Vorentwicklungs-Phase, sodass zum einen Fehler frühzeitig vermieden und zum anderen fundierte Antworten auf wichtige Zukunftsthemen gefunden werden können. Weiterhin werden durch die virtuelle Entwicklung Produktzyklen verkürzt, die Variantenvielfalt erhöht und die daraus resultierende Einsparung von Zeit und Kosten ermöglicht [17]. Aber auch die Verschmelzung der frühen Entwicklungsphase mit der späteren Umsetzung im Realbetrieb kann dadurch immer mehr vorangetrieben werden.

Um diesen Möglichkeiten gerecht zu werden, haben sich in den vergangenen Jahren vollbewegliche Fahrsimulatoren etabliert. Dabei werden Autofahrer in die virtuelle Simulation integriert und können in einer definierten, abgesicherten Umgebung Fahrten in einem realen Fahrzeug realitätsnah erleben. Der Fahrer steht ständig in Wechselwirkung mit komplexen Systemen, welche ihm eine möglichst wirklichkeitsgetreue Fahrt suggerieren. Eines dieser wichtigen Systeme ist das Bewegungssystem, welches den Fahrer mittels sogenannten Motion-Cueing-Algorithmen (MCA, deutsch Bewegungswahrnehmungsalgorithmus) eine möglichst realistische Wahrnehmung von Bewegungen erfahren lässt. In der vorliegenden Arbeit wird ein neuartiger adaptiver MCA vorgestellt, welcher Fahrern in einem vollbeweglichen Fahrsimulator eine noch realistischere Bewegungswahrnehmung erfahren lassen soll.

Dieses Kapitel gibt einen Überblick über die historische Entwicklung und die Anwendungsgebiete in der Fahrsimulation. Weiterhin wird eine Literaturübersicht existierender MCA gegeben und der weitere Forschungsbedarf herausgearbeitet. Schlussendlich werden die Zielsetzung und der Aufbau der vorliegenden Arbeit definiert.

© Springer Fachmedien Wiesbaden GmbH, ein Teil von Springer Nature 2020
T. Miunske, *Ein szenarienadaptiver Bewegungsalgorithmus für die Längsbewegung eines vollbeweglichen Fahrsimulators*, Wissenschaftliche Reihe Fahrzeugtechnik Universität Stuttgart, https://doi.org/10.1007/978-3-658-30470-6_1

1.1 Fahrsimulatoren

1.1.1 Historische Entwicklung und Nutzen

Die ersten vollbeweglichen Simulatoren stammen aus der Zeit vor dem Zweiten Weltkrieg. Diese wurden für die militärische Ausbildung von Piloten unter Stressbedingungen und Müdigkeit eingesetzt. In dieser Zeit der Analogtechnik musste noch auf die graphische Simulation verzichtet werden. Mit der fortschrittlichen Entwicklung der Digitaltechnik in den sechziger Jahren konnten die Simulatoren durch graphische und akustische Systeme im niederfrequenten Wiedergabebereich (15 Hz) erweitert werden [2].

Mit der Entwicklung des Hexapods, einem parallelen Roboter mit sechs Aktuatoren, wurde in der Bewegungssimulation ein neues Level der Realität erreicht. Die Aktuatoren werden entweder hydraulisch, elektromechanisch oder pneumatisch betrieben. Die erste Generation der Hexapoden wurde 1954 von *Gough* vorgestellt und stellte eine universelle Reifenprüfmaschine dar [41]. Die erste Verbindung von Hexapoden mit der Simulation wurde 1965 von *Stewart* im Bereich der Flugsimulation erwähnt. Demnach wird der Hexapod oftmals auch als Stewart-Plattform bezeichnet [14, 105].

Durch die revolutionäre Entwicklung der Mikrotechnologie und Mikroelektronik in den achtziger Jahren wurden die Anfänge der echtzeitfähigen Computersimulation geschaffen. Durch die ständige Weiterentwicklung hat sich die anfängliche Entwicklung in der Flugsimulation auch auf andere Bereiche, insbesondere die Fahrsimulation ausgebreitet. Durch die vollbewegliche Simulation in der Automobilbranche haben sich ganz neue Vorteile ergeben. So können nicht nur ganz allgemein wissenschaftliche Bewertungen bezüglich Fahrverhalten getroffen, sondern auch einzelne Komponenten eines Fahrzeuges vor der Serienentwicklung in HIL (engl. Hardware in the Loop), SIL (engl. Software in the Loop) oder MIL (engl. Model in the Loop) getestet werden [101].

Durch die vielseitige Konfiguration von virtuellen Szenarien können Umgebungsbedingungen wie Wetter, Tag- oder Nachtbetrieb, Zustand der Fahrbahnoberfläche, Straßeninfrastruktur u.v.m. konfiguriert und ständig angepasst werden [57]. Aber auch fahrdynamische Anpassungen wie Lenkeigenschaften, Frequenz- und Regelverhalten, Fahrwerkdesign und Fahrzeugaufbau können simulativ untersucht werden [7, 55]. Aktuell spielen Untersuchungen des interaktiven Verhaltens zwischen Mensch und Fahrzeug beim automatisierten Fahren eine große Rolle [91, 100].

Ein besonderer Vorteil besteht in der Durchführung von Probandenstudien, bei welchen eine Anzahl von demographisch verteilten Personen reproduzierbare Fahrszenarien durchfahren. Die Teilnehmer derartiger Fahrsimulatorstudien befinden sich in einer inhärent sicheren Umgebung und beurteilen das Fahrverhalten unterschiedlichster Fahrsituationen subjektiv. Die Ergebnisse aus der Wahrnehmung in der virtuellen Welt korrelieren dabei mit realen Umgebungsbedingungen [12]. Basierend darauf können in der Automobilentwicklung bestimmte Richtungen eingeschlagen werden.

Durch die Verwendung von Fahrsimulatoren kann in der Forschung und Vorentwicklung auf teure Versuchsmodelle und Prototypen verzichtet werden. Da viele Fahrsituationen sicherheitsbedingt nicht im Realverkehr getestet werden können, wird hierbei oftmals auf die Fahrsimulation zurückgegriffen.

1.1.2 Der Stuttgarter Fahrsimulator mit acht Freiheitsgraden

In Kooperation von Universität Stuttgart und FKFS wurde mit der Unterstützung des Bundesministeriums für Bildung und Forschung, sowie des Ministeriums für Wissenschaft, Forschung und Kunst Baden-Württemberg 2012 der Stuttgarter Fahrsimulator errichtet (siehe Abbildung 1.1) [9]. Dieser gehört aktuell zu einem der modernsten Fahrsimulatoren Europas [118]. Die Simulatoranlage besteht aus einem elektrisch angetriebenen Acht-Achsen-Bewegungssystem mit einem linearen Bewegungsraum von $10\,\text{m} \times 7\,\text{m}$, sowie einem integrierten Fahrzeug-Wechselsystem. Mit diesem Fahrsimulator können insbesondere auf dem Feld der Forschung Untersuchungen zur Fahrsicherheit durchgeführt und Fahrerassistenzsysteme, automatisiertes Fahren, Komfortfunktionen, Energieeinsparungen u.v.m. erprobt werden [10]. In den vergangenen Jahren wurden umfangreiche Probandenstudien zu diesen Themen durchgeführt, auch in enger Zusammenarbeit mit der Fahrzeugindustrie.

Abbildung 1.1: Außen- (links) und Innenansicht (rechts) des Stuttgarter Fahrsimulators [8]

Die Auslegung des Fahrsimulators ist auf den Bereich des „sportlichen Nor-
malfahrers" optimiert worden [10]. Außerdem wurde bei der Konzeption darauf geachtet, dass eine große Flexibilität und Modularität des gesamten Systems gegeben ist [86]. Nur so kann der Entwicklungsprozess am Fahrsimulator bezüglich Hardware- und Softwareauslegung individuell angepasst und
beeinflusst werden.

Aufbau

Der Stuttgarter Fahrsimulator besteht aus mehreren Komponenten [86, 92], dazu gehören:

- das Bewegungssystem,

- der Dom,

- das graphische System,

- das Audio-System,

- die Fahrdynamiksimulation und das

- Vibrationssystem (NVH, engl. Noise, Vibration, Harshness).

Das Bewegungssystem selbst besteht aus einem Hexapod und einem XY-Schlittensystem. Dadurch kann der Fahrsimulator mittels des Hexapods Kipp-, Gier- und Hubbewegungen und mit dem Schlitten longitudinale und laterale Bewegungen ausführen. Damit weist der Stuttgarter Fahrsimulator insgesamt acht Freiheitsgrade (8 DoF, engl. Degrees of Freedom) auf, welche aus der Längs- x_H, Quer- y_H, Vertikal- z_H, Roll- ϕ_H, Nick- θ_H und Gierbewegung ψ_H des Hexapods H und der Längs- x_S und Querbewegung y_S des Schlittens S bestehen.

Das Gesamtsystem verfügt über eine Nutzlast von 4 t und kann ein Frequenzspektrum von bis zu 10 Hz darstellen [92]. Alle Systeme stehen bei der Fahrsimulation in ständiger Interaktion zueinander und bilden mit dem Menschen einen geschlossenen Regelkreis (siehe Abbildung 1.2). Am Stuttgarter Fahrsimulator kann die Steuerung des Fahrzeugs entweder von einem Fahrer oder einem autonomen Fahrzeug übernommen werden [91]. Die Herausforderung besteht in einer ganzheitlichen Optimierung aller Komponenten, sodass dem Fahrer eine realistische Fahrumgebung präsentiert wird.

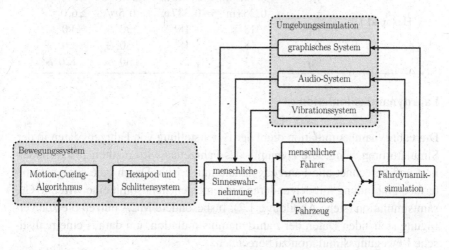

Abbildung 1.2: Gesamtübersicht der Fahrsimulation am Stuttgarter-Fahrsimulator (basierend auf [37, 55, 79])

Technische Daten

Wie oben erläutert, besteht das gesamte Bewegungssystem aus einem Hexapod und einem Schlittensystem. Der Hexapod wird durch sechs elektromecha-
nische Aktuatoren angetrieben und trägt den Dom. Die Aktuatoren und der zur
Verfügung stehende Bewegungsraum des Stuttgarter Fahrsimulators sind physikalischen Limitierungen unterworfen und in Tabelle 1.1 dargestellt [15]. Die
Herausforderung bei der Auslegung des MCA liegt in einer möglichst vollstän-
digen Ausreizung der Limitierungen.

Tabelle 1.1: Statische und dynamische Grenzen des Bewegungssystems [15]

Teilsystem	Freiheitsgrad	Bewegungsraum		Geschw.	Beschl.
Schlitten-system	x_S	5 m	−5 m	$\pm 2,0\,m/s$	$\pm 5,0\,m/s^2$
	y_S	3,5 m	−3,5 m	$\pm 3,0\,m/s$	$\pm 5,0\,m/s^2$
Hexapod	x_H	0,538 m	−0,453 m	$\pm 0,5\,m/s$	$\pm 5,0\,m/s^2$
	y_H	0,445 m	−0,445 m	$\pm 0,5\,m/s$	$\pm 5,0\,m/s^2$
	z_H	0,368 m	−0,387 m	$\pm 0,5\,m/s$	$\pm 6,0\,m/s^2$
	ϕ_H	18°	−18°	$\pm 30°/s$	$\pm 90°/s^2$
	θ_H	18°	−18°	$\pm 30°/s$	$\pm 90°/s^2$
	ψ_H	21°	−21°	$\pm 30°/s$	$\pm 120°/s^2$

Fahrdynamiksimulation

Die Fahrdynamiksimulation dient der Bereitstellung von Fahrzeugdaten in der
Simulatorumgebung. Die Dynamik des Fahrzeugs wird mathematisch modelliert und berechnet alle Fahrzeugsignale numerisch. Durch eine geeignete In-
terface-Anbindung mit den anderen Systemen entsteht somit eine virtuelle Ge-
samtsimulation (siehe Abbildung 1.2). Insbesondere MCA nutzen die zur Verfügung stehenden Daten der Fahrdynamiksimulation, um daraus eine realistische Bewegungssimulation zu berechnen.

In der Fahrsimulation kann die Fahrdynamiksimulation selbst entwickelt oder
alternativ auf Softwarelösungen, wie beispielsweise [52, 109] zurückgegriffen
werden. Am Stuttgarter Fahrsimulator kommt großteils CarMaker von IPG für
die Fahrdynamiksimulation zur Anwendung. CarMaker ist eine offene Integra-

tions- und Testplattform, welche leistungsstarke und echtzeitfähige Fahrdyna-
mikmodelle anbietet [53] und aus dem Bereich Rapid Prototyping [28] kommt.
Neuerdings wird auch die echtzeitfähige Fahrdynamiksimulation von Concur-
rent Real-Time [20] eingesetzt. Alternativ werden in Zusammenarbeit mit der
Automobilindustrie des Öfteren auch Fahrdynamikmodelle als Black-Box der
Industriepartner verwendet.

Echtzeitsimulation

Da der Fahrer zu allen Zeiten in die Fahrsimulation eingreifen kann, sollen alle
oben genannten Systeme möglichst in Echtzeit miteinander interagieren. Nur
so entsteht eine zügige Rückkopplung an den Fahrer, was mit einer als realistisch empfundenen Fahrsimulation einhergeht. Um diese Anforderung möglichst genau einzuhalten, wird die Systemlaufzeit so gering wie möglich gehalten [86]. Der in dieser Arbeit vorgestellte adaptive MCA wird mit dem Simula-
tionstool Matlab®/Simulink® von MathWorks [111] entwickelt. Matlab beinhaltet eine Echtzeit-Plattform mit der Toolbox Simulink Realtime bzw. xPC
als Vorgänger, in welcher der MCA implementiert ist. Die Soft- und Hardware
simuliert die Probefahrten in Echtzeit mit einer Abtastfrequenz von 1 kHz.

1.2 Literaturübersicht und weiterer Forschungsbedarf

Zunächst wird der aktuelle Stand der Technik in der Motion-Cueing-Entwick-
lung erläutert. Es wird eine Gesamtübersicht zu den in der Literatur erwähnten Ansätzen gegeben und werden hinsichtlich ihrer ausgereiften und methodi-
schen Eigenschaften aber auch Einschränkungen untersucht. Darauf basierend
wird der weitere Forschungsbedarf herausgearbeitet.

In der Vergangenheit wurden bereits eine große Anzahl unterschiedlichster
MCA entwickelt und vorgestellt. Eine gute und detaillierte Übersicht dazu ist
in [35] gegeben. Dabei kann bezüglich des Aufbaus der Algorithmen zwischen
klassischen und weiterführenden MCA unterschieden werden. Nachfolgend
werden die gängigsten Algorithmen und ihre Eigenschaften näher erläutert:

- Der **Classical-Washout-Algorithmus (CWA)** gilt in seinen Grundzügen als einer der gängigsten Algorithmen und gehört zu den Motion-Cueing-Algorithmen der ersten Generation. Diese frühzeitig entwickelten Algorithmen werden erstmals in [88, 98] vorgestellt. Beim Classical-Washout werden die translatorischen Beschleunigungen als spezifische Kräfte über eine Hochpassfilterung an den Simulator weitergeleitet. Diese Filterung sorgt dafür, dass der Simulator nach einer gewissen Zeit wieder zurück in seine Ursprungslage zurückkehrt und wird als Washout-Effekt bezeichnet (siehe Kapitel 2.3.1). Somit wird neuer Raum für erneute Beschleunigungsvorgänge geschaffen. Über die Tilt-Coordination (siehe Kapitel 2.3.1) werden translatorische Beschleunigungen in eine rotatorische Bewegung umgewandelt, um tieffrequente andauernde Motion-Cues darzustellen. Diese werden anschließend mit den Fahrzeugwinkelgeschwindigkeiten addiert und direkt an den Simulator weitergeleitet. Vorteilhaft ist die klare physikalische Bedeutung der Signalflüsse. Nachteilig sind jedoch die getrennte Auslegung und die damit einhergehenden Signalüberlagerungen, welche zu Signalverfälschungen führen. Zudem werden Beschleunigungen durch den Washout-Effekt verfälscht. Auch lässt die einmalig festgelegte Parametrierung der Filter keinen großen anpassbaren Spielraum des Simulators zu.

- Der **Optimal-Control-Algorithmus (OCA)** benutzt im Gegensatz zum Classical-Washout Gewichtungsfunktionen als Filterblöcke, die eine festgelegte Kostenfunktion minimieren. Diese optimiert dabei oftmals durch die Ansteuerung verursachte Wahrnehmungsfehler [103, 107] oder auch Limitierungen des Bewegungssystems [73, 88]. Vorteilhaft ist die Berücksichtigung von bestimmten Eigenheiten in der Bewegungssimulation, jedoch muss die Auslegung auf einen zuvor definierten Bereich beschränkt werden. Nachteiligerweise werden die zeitinvarianten Filterparameter im Voraus offline berechnet und können während der Simulation nicht mehr geändert werden. Auch ist kein direktes physikalisches Verständnis des Signalflusses mehr möglich.

- Beim **Coordinated-Adaptive-Algorithmus (CAA)** werden die Eigenschaften des Classical-Washouts mit einer Kostenfunktionsoptimierung des Optimal-Control zur Laufzeit verbunden. Jedoch werden bei diesem Ansatz Wahrnehmungsmodelle weitestgehend vernachlässigt [46], während die Zylinderhübe der Aktuatoren mit in die Berücksichtigung einfließen. In [67, 68]

werden bezüglich des aktuell befindlichen Straßenabschnitts (Stadt, Landstraße, Autobahn) Filterparameter adaptiv eingestellt, während in [115] zwischen mehreren Motion-Cueing-Teilsystemen umgeschaltet wird. Derartige
Filter weisen sich durch eine komplexere Auslegung aus und können ihre
Parameter zur Laufzeit zeitvariant anpassen [85]. Ein bisheriger Nachteil ist
das mögliche Auftreten von instabilem Verhalten bei ungeschickter Wahl der
zeitvarianten Filterparameter [60]. Weiterhin können durch die veränderba-
ren Filterkoeffizienten für den Fahrer spürbare Artefakte entstehen.

- Das **nichtlineare Hochpassfilter (nHP)** soll den Washout-Effekt optimieren. Dieses wurde in [89] vorgestellt und soll unerwünschte Artefakte beim
  Abklingen der Systemantwort vermeiden. Durch geeignete Verstärkungen
  und Gewichtungsfaktoren werden so die Fehlerterme minimiert. Allgemein
  soll sich dadurch die Steuerbarkeit des Fahrzeugs und die damit verbundene Bewegungswahrnehmung verbessern [35]. Jedoch geht damit letztendlich
  der klassische Washout-Effekt verloren, da durch die Fehlerminimierung die
  Plattform nicht vollständig in ihre Ursprungslage zurückkehren kann. Um
  dies zu gewährleisten, müssen zusätzlich separate Vorsteuerungen oder geeignete Filterungen entworfen werden. Ein weiterer Nachteil ist die Nichtli-
  nearität des Filters, wodurch die weitere systemdynamische Auslegung deutlich erschwert und der Stabilitätsbereich eingeschränkt wird. Am Stuttgarter
  Fahrsimulator wurde vom Autor ein derartiges Filter bereits umgesetzt. Dieses konnte jedoch im Vergleich zu dem in dieser Arbeit vorgestellten adaptiven ereignisdiskreten Algorithmus nicht dasselbe Niveau der realistischen
  Bewegungswahrnehmung bieten.

- In den vergangenen Jahren wurde der **modellprädiktive Motion-Cueing-
  Algorithmus (MPA)** (engl. model predictive) in der Literatur sehr stark
  diskutiert [3, 22, 23, 114]. Bei derartigen Algorithmen kommt die Funktionsweise der modellprädiktiven Regelung (engl. model predictive control
  (MPC)) zur Anwendung. Dadurch können, analog zu Optimal-Control-Algo-
  rithmen, Beschränkungen mit berücksichtigt werden. Der Vorteil bei derartigen Algorithmen besteht insbesondere im prädizierten Systemverhalten in einem definierten Vorhersagezeitraum. Ein bisher gravierender Nachteil ist jedoch die nicht vorhandene Echtzeitfähigkeit derartiger Algorithmen, sodass
  diese offline berechnet werden müssen. In [18, 33] werden zwar lauffähige
  Implementierungen betrachtet, jedoch müssen starke Vereinfachungen ge-

troffen werden, wie beispielsweise die Betrachtung weniger Freiheitsgrade. Dadurch beschränkt sich die Funktionsweise vor allem auf die Verwendung von zuvor definierten Streckenverläufen, wie es beispielsweise beim automatisierten Fahren gegeben ist. Nachteilig ist auch die Systembeschreibung, die oftmals aus einer einfachen Integratorkette besteht. Dadurch können zwar in den ersten Momenten die Signale direkt an den Simulator übertragen werden. Jedoch ist diese Phase sehr kurz und es entstehen kurz vor Erreichen der Beschränkungen falsche Bewegungseindrücke (engl. false cues). Wird das System als Washout-Filter ausgelegt, so kann der modellprädiktive Algorithmus als Erweiterung des Classical-Washouts [27] mit Berücksichtigung und frühzeitiger Erkennung von Systembeschränkungen angesehen werden.

- Der **Multi-Freiheitsgrad-Algorithmus (MFA)** basiert auf dem wesentlichen Prinzip des Classical-Washouts und ist vor allem für Simulatoren mit Hexapod und integriertem XY-Schlitten geeignet [45]. Die Ausgangssignale werden auf die einzelnen Bewegungssysteme aufgeteilt und durch geeignete Filterung derart implementiert, dass die jeweilig darstellbaren Frequenzspektren betrachtet werden können. In [45] werden die Signale so aufgeteilt, dass anfängliche Cues auf den Hexapod, verbindende Cues über das Schlittensystem und dauerhafte Cues mittels Tilt-Coordination an den Hexapod weitergeleitet werden. Es erweist sich jedoch als schwierig, die unterschiedlichen Systeme exakt aufeinander abzustimmen. Zudem können kombinierte Bewegungen des Simulators zu ungewollten Beschleunigungs-Überlagerungen führen, die den Fahrer wiederum fehlerhafte Cues wahrnehmen lassen.

- Der **Fast-Tilt-Coordination-Algorithmus (FTCA)** verwendet anstelle von spezifischen Kräften direkte Fahrzeugbeschleunigungen und wird erstmals in [35] vorgestellt. Dadurch ergibt sich eine von der Signalfilterung unabhängige Auslegung des Washouts, welcher bei diesem Algorithmus als Grundstruktur erhalten bleibt. Hochfrequente Signale werden direkt als Positionsänderung an den Simulator vorgegeben. Alle verbleibenden Signalanteile werden über die Tilt-Coordination repräsentiert. Jedoch führt dieser Ansatz zu sehr hohen Drehgeschwindigkeiten, da die Darstellung von translatorische Beschleunigungen bei Hexapoden stark eingeschränkt ist.

- Der **Coordinated-Head-Rotation-Algorithmus (CHRA)** ähnelt dem Prinzip des Fast-Tilt-Coordination-Algorithmus und ist in [35] erwähnt. Dem

Fahrer wird nicht nur durch ein Kippen auf Basis der Tilt-Coordination ein Beschleunigungsgefühl vermittelt, sondern auch eine translatorische Beschleunigung im Bereich seines eigenen Vestibulärapparats erzeugt. Die eigentliche translatorische Bewegung des Hexapods ergibt sich anschließend aus der Differenz der gefilterten Eingangssignale zu den im Fahrerkopf dargestellten Beschleunigungssignalen. Die Herausforderung bei der Filterauslegung liegt in der Ausgewogenheit zwischen Drehgeschwindigkeiten und translatorischen Bewegungen. Jedoch werden durch die Filterung des Tiefpasses die hohen Frequenzen herausgefiltert, sodass ein Großteil der Eingangssignale durch sehr starkes Kippen dargestellt wird.

- Der **fahrspurbasierte Algorithmus (fA)** berücksichtigt als einer der ersten Algorithmen zusätzlich auch straßenbezogene Informationen [44]. Diese sind fahrspurabhängig (engl. lane dependant approach) und bringen die Straßendaten mit dem zur Verfügung stehenden lateralen Arbeitsraum des Fahrsimulators in eine geeignete Verbindung. Leider beschränkt sich das Konzept vor allem auf Autobahnfahrten und betrachtet lediglich laterale und nicht longitudinale Bewegungen in der Fahrsimulation.

- Bei Algorithmen mit **Kompensationsfiltern (KF)** soll mittels komplementärer Hoch- und Tiefpassfilterung eine möglichst direkte Übertragung der Eingangsignale erfolgen. Uneingeschränkt gilt dieses Verhalten jedoch nur für Filter 1. Ordnung. Zudem soll hochfrequentes Signalrauschen ausschließlich in der translatorischen Bewegung dargestellt werden [94]. Durch die fehlende Transformation ergeben sich jedoch bei größeren Neigungswinkeln falsch dargestellte Bewegungen in der translatorischen Beschleunigung.

Am Stuttgarter Fahrsimulator wurde bereits in [86] eine erste MCA-Generation implementiert. Diese wurde für alle acht Freiheitsgrade entworfen, wobei sich der Schwerpunkt auf die Optimierung einer vorausschauenden Querbewegung konzentriert. Bei der Auslegung ist, sowohl in der Längs- als auch Querdynamik, der Classical-Washout-Algorithmus als Referenz verwendet worden. In der Längsbewegung wurde der Classical-Washout um einen PD-Regler mit nichtlinearem Anteil erweitert. Dadurch soll ein schnelleres Ansprechverhalten für die Längsbeschleunigung unter Einhaltung der Arbeitsplatzbeschränkungen des Simulators erzeugt werden.

Alle oben genannten Algorithmen zeichnen sich durch gewisse Vorteile, aber auch Nachteile aus. Da vollbewegliche Fahrsimulatoren in der Regel individuell nach bestimmten Kriterien ausgelegt werden, sind diese im Bereich der Prototypen anzusiedeln. Deswegen müssen MCA separat für jeden einzelnen Simulator ausgelegt und auf die Dynamik und kinematischen Grenzen des Simulators abgestimmt werden. Nachfolgend werden die vorgestellten Algorithmen auf ihre Vor- und Nachteile und damit auf den weiteren Forschungsbedarf untersucht. Dabei sollen in dieser Arbeit bestehende Vorteile weiter ausgebaut und Nachteile durch neue Ansätze verbessert bzw. bestenfalls eliminiert werden (siehe Tabelle 1.2). Die in dieser Arbeit umgesetzten Anforderungen sind durch das Symbol ● gekennzeichnet, während durch ○ gekennzeichnete Erweiterungen weitestgehend unberücksichtigt bleiben. Unter ◑ wird der weitere Forschungsbedarf in der vorliegenden Arbeit teilweise umgesetzt. Dabei wird der gesamte MCA betrachtet inklusive Vorfilterung, Kopplung von Hexapod und Schlitten, adaptives Motion-Cueing und Vorsteuerung.

1.3 Ziele und Aufbau der Arbeit

In der Vergangenheit wurden einige der oben genannten Algorithmen miteinander verglichen. Insbesondere die klassischen Algorithmen Classical-Washout, Optimal-Control und Coordinated-Adaptive sind bereits frühzeitig in diversen Studien gegeneinander untersucht worden. Beim Vergleich der Algorithmen konnte der Coordinated-Adaptive-Algorithmus am besten abschneiden [81].

Dies liegt insbesondere an der komplexen Auslegung und der dynamischen Anpassung der Filter zur Laufzeit. Bisher wurden jedoch im Bereich des Motion-Cueings adaptive Filter hauptsächlich in Bezug zu Arbeitsraumbeschränkungen [46], Berücksichtigung von Straßenabschnitten [68] oder als Umschaltung mehrerer Algorithmen [115] ausgelegt. Dies ist einer der Hauptgründe, warum sich diese Arbeit auf den Bereich der adaptiven MCA konzentriert. Dadurch soll das Ziel erreicht werden, MCA für Fahrer auf ein neues Realitätslevel anzuheben.

Tabelle 1.2: Weiterer Forschungsbedarf existierender Motion-Cueing-Algorithmen und Umsetzung in der vorliegenden Arbeit (● berücksichtigt, ◑ teilweise berücksichtigt, ○ unberücksichtigt)

		Algorithmen	weiterer Forschungsbedarf
Filterung	●	CWA, CAA, nHP, MPA, MFA, FTCA, CHRA	Washout schwächer auslegen
	●	MFA, FTCA, CHRA, KF	Dynamische Verkopplung von Tilt-Coordination und Washout
	●	CAA	Filterparameter adaptiv auslegen, sodass Veränderung der Filtereigenschaften zur Laufzeit möglich ist
	●	CAA	Auslegung der adaptiven Filterparameter derart, dass Umschaltungen für Fahrer nicht spürbar sind
	◑	KF	Beschleunigungen möglichst ungefiltert passieren lassen
	◑	KF	Den Fahrer weitestgehend echte Beschleunigungssignale ohne große Transformationen erfahren lassen
Systemverhalten	●	MPA	Sicherstellung der Echtzeitfähigkeit zu allen Zeiten
	●	CWA, nHP, MFA, KF	Vermeidung falscher Bewegungsinformationen (engl. false cues)
	●	nHP	Lineares Systemverhalten und damit Vermeidung von ungewollten Nichtlinearitäten
	●	CAA	Instabiles Verhalten des Systems durch zur Laufzeit änderbare Parametrierung verhindern
	◑	MPA, fA	Bestmöglichste Prädiktion des Systemverhaltens
	○	OCA, CAA, MPA	Fehlerminimierung zwischen Vestibularapparat des Menschen und dargestellter Bewegung im Fahrsimulator

		Algorithmen	weiterer Forschungsbedarf
Simulatoraufbau	●	OCA, MPA	Physikalisches Verständnis bei Auslegung beibehalten
	●	CWA, FTCA, CHRA, KF	Vermeidung von zu vielen und starken Kippbewegungen des Hexapods in der Längsbewegung
	●	MFA	Möglichst geeignete Aufteilung der Beschleunigungssignale zwischen Hexapod und XY-Schlitten
	◐	CWA, nHP, MFA, FTCA, CHRA, fA, KF	Berücksichtigung der physikalischen Beschränkungen des Simulators
Nutzung weiterer Informationen	●	fA, MPA	Berücksichtigung von fahrdynamischen Informationen des Fahrzeugs
	●	fA	Berücksichtigung des Straßenverlaufs
	●	fA	Berücksichtigung von kinematischen Fahrzeuginformationen (Weg, Geschw., Beschl., Ruck)
	◐	fA, CAA	Berücksichtigung von sich wiederholenden Szenarien
	◐	fA, CAA	Berücksichtigung von Straßeninformationen (bspw. aus ADAS (engl. Advanced Driver Assistance Systems))
	○	fA	Berücksichtigung von Umwelteinflüssen und bewegbaren Objekten (Fahrzeuge, Menschen, Tiere)

In **Kapitel 2** werden die theoretischen Grundlagen der Funktionsweise von MCA erläutert. Insbesondere wird auf die Einwirkung und Wahrnehmung der Bewegungssimulation auf den Menschen eingegangen. Weiterhin wird die Funktionsweise des Washouts und der Tilt-Coordination erwähnt.

Kapitel 3 beschäftigt sich mit der dynamischen Kopplung des Hexapods mit dem Schlittensystem. In der Vergangenheit wurden Beschleunigungssignale bei Fahrsimulatoren mit integriertem Schlitten getrennt voneinander ausgelegt [15, 86]. Die Signale des Schlittens werden dabei über Bandpässe generiert, sodass sich Phasen- und Amplitudenverschiebungen ergeben. Durch die vorgestellte Kopplung sollen die Beschleunigungssignale optimal aufgeteilt werden.

In **Kapitel 4** wird ein neuartiger adaptiver MCA vorgestellt, welcher die Filterkoeffizienten auf Basis von fahrdynamischen Szenarien ereignisdiskret umschalten kann. Solche immer wiederkehrenden fahrdynamischen Szenarien gilt es dabei in diesem Kapitel zu untersuchen. Bei der Auslegung des Motion-Cueings ist darauf zu achten, dass die Umschaltungen flachheitsbasiert über trigonometrische oder polynomiale Funktionen durchgeführt werden. Damit wird sichergestellt, dass dem Fahrer ein möglichst realistisches Fahrerlebnis vermittelt wird und für ihn keine ungewollten Rucke und Artefakte spürbar sind. Nach [35] sollten weitere Untersuchungen bezüglich einer genaueren Betrachtung des Fahrzeugrucks (zeitliche Ableitung der Beschleunigung) durchgeführt werden, da diese ein großes Potential für zukünftige MCA bieten. Bei der Auslegung der Bedingungen für die adaptiven Filterkoeffizienten fließt demnach die Information des Rucks in dieser Arbeit mit in die Berechnung ein. Außerdem werden bei adaptiven Umschaltungen Parameterwechsel bevorzugt und gleichzeitig der Washout-Effekt vermindert, wobei die Umschaltungen der Filterkoeffizienten ereignisdiskret ausgelöst werden. So können physikalisch nachvollziehbare Rückschlüsse von der menschlichen Wahrnehmung auf die Filterauslegung gezogen werden. Der in dieser Arbeit entwickelte MCA erhält die Bezeichnung *szenarienadaptiver Motion-Cueing-Algorithmus* (SAA, engl. scenario-adaptive algorithm).

Kapitel 5 stellt eine Vorsteuerung vor, welche nicht nur Straßeninformationen, sondern auch das kinematische Verhalten des Fahrzeugs bei nicht vorhandenen Umgebungsinformationen berücksichtigt. In der Literatur wurden Vorsteuerungen in Fahrsimulatoren bisher wenig diskutiert. Nach [35] sind Vorpositionierungen nur bei Simulatoren mit integriertem Schlittensystem in Kombination mit adaptiven Filtern zweckmäßig, da dadurch zusätzlicher Arbeitsraum gewonnen werden kann. Tatsächlich benötigen adaptive Algorithmen einen größeren Arbeitsraum als zeitinvariante Filtersysteme.

In **Kapitel 6** wird der vorgestellte Algorithmus am Fahrsimulator umgesetzt und untersucht. Die Auswertung geschieht einerseits objektiv auf Basis bestimmter Fahrmanöver und andererseits subjektiv anhand einer Expertenstudie.

Da in [86] am Stuttgarter Fahrsimulator bisher ein in der Querbewegung op-
timierter MCA entworfen wurde, soll die vorliegende Arbeit diesen Algorithmus in der Fahrzeuglängsbewegung erweitern. Das Ziel ist dabei die Entwicklung eines neuartigen MCA, unter der Berücksichtigung des oben untersuchten weiteren Forschungsbedarf. Es sei hier noch erwähnt, dass sich die Auslegung bezüglich der Längsbewegung besonderen Herausforderungen stellt, da
die Fahrweise der Fahrer bei der freien Fahrt nicht prädizierbar ist. Lediglich
beim automatisierten Fahren vereinfacht sich die Auslegung, da die Fahrweise
deutlich besser vorhersagbar ist. In Abbildung 1.3 ist der Aufbau dieser Arbeit
veranschaulicht.

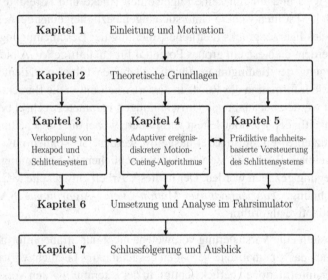

Abbildung 1.3: Aufbau der Arbeit

2 Theoretische Grundlagen

Dieses Kapitel liefert einen Einstieg in das Thema der Motion-Cueing-Algorithmen (MCA) bei vollbeweglichen Simulatoren. Insbesondere wird auf die Bedeutung und das Prinzip von Motion-Cues (deutsch Bewegungsabläufe, Bewegungswahrnehmung) eingegangen und wie diese im menschlichen Körper detektiert und wahrgenommen werden. Weiterhin wird die menschliche Bewegungswahrnehmung erläutert und inwiefern sich diese über mathematisch definierte Algorithmen in der Fahrsimulation beeinflussen lässt.

Anschließend wird auf die Verwendung der systemdynamischen Filterung und Signalverarbeitung bei MCA eingegangen. Dazu werden die wichtigen Bestandteile des Washout-Effekts und der Tilt-Coordination (TC) erläutert. Der spätere Aufbau und die Funktionsweise des in dieser Arbeit vorgestellten MCA basieren auf diesen Grundlagen.

2.1 Begriffserklärung Motion-Cueing

Der Begriff Motion-Cueing (engl. motion cues (MC)) hat seinen Ursprung in der Flugsimulation und bezeichnet sensorische Stimuli, welche auf den menschlichen Körper einwirken. Frühzeitig werden in [102] Beschleunigungssignale (engl. acceleration cues) als physikalische Bewegung einer Simulatorkabine, inklusive aller Wahrnehmungen von visuellen und akustischen Hinweisen, bezeichnet. In [5] werden unter dem Begriff der Bewegungswahrnehmungen alle visuellen, haptischen, akustischen oder vestibulären Wahrnehmungen verstanden. Durch diese Stimuli kann der Mensch seine Umgebung wahrnehmen. Ebenfalls in der Flugsimulation werden in [47] Motion-Cues als wahrgenommene relative Bewegung zwischen Flugzeug und dazugehörigem Inertialsystem beschrieben. In [48] werden einzelne Motion-Cues lediglich aufgrund ihrer Existenz bezeichnet, wobei diese nicht unbedingt als Verbindung mit anderen Stimuli auftreten müssen.

© Springer Fachmedien Wiesbaden GmbH, ein Teil von Springer Nature 2020
T. Miunske, *Ein szenarienadaptiver Bewegungsalgorithmus für die Längsbewegung eines vollbeweglichen Fahrsimulators*, Wissenschaftliche Reihe Fahrzeugtechnik Universität Stuttgart, https://doi.org/10.1007/978-3-658-30470-6_2

In der vorliegenden Arbeit werden unter dem Begriff Motion-Cueing alle vestibulären Reize verstanden, die aufgrund der physikalischen Bewegung des Hexapods und Schlittensystems auf den Fahrer einwirken. Dieser erfährt durch das MC ein Gefühl der Bewegung, welches durch das Gleichgewichtsorgan wahrgenommen wird und optimalerweise einer Fahrt im realen Fahrzeug entsprechen soll.

Um diesen Anforderungen gerecht zu werden, wird ein sogenannter MCA entwickelt und am Fahrsimulator implementiert. In der Literatur haben sich unterschiedliche Bezeichnungen etabliert, wie unter anderem Motion-Drive-Algorithmus [44, 81, 88] oder Washout-Filter [47, 66]. MCA sind Steuer- und Regelstrategien, welche vestibuläre Reize liefern soll [35]. Dazu werden Beschleunigungssignale, welche in der Fahrdynamiksimulation generiert werden, in geeignete Signale für die Aktuatorik des Fahrsimulators umgewandelt. Diese verfahren derart, dass sich eine translatorische (Hexapod und Schlitten) und eine rotatorische Bewegung (Hexapod) ergeben.

2.2 Menschliche Bewegungswahrnehmung

Der menschliche Körper perzipiert mit komplexen Sinnesorganen ständig von außen auf ihn einwirkende Informations- und Bewegungsabläufe [74]. Diese werden mit Hilfe von Sinneskanälen kognitiv verarbeitet und können dabei in die unterschiedlichen Bereiche aufgeteilt werden [35, 97]:

- visuelles System (Auge),
- auditives System (Ohr),
- somato-sensorisches System (Haut, Sehnen, Muskeln, Gelenke) und
- vestibuläres System (Gleichgewichtsorgan).

Durch diese Perzeptionen der Organe (Körperteile mit abgegrenzter Funktionseinheit, zusammengesetzt aus unterschiedlichen Zellen und Geweben [42]) nimmt der Körper seine gesamte Umgebung wahr.

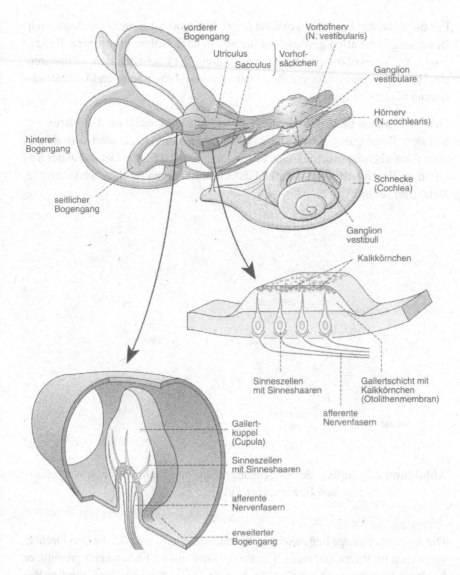

Abbildung 2.1: Aufbau des menschlichen Vestibulärapparats im Innenohr [119]

Für die dynamische vollbewegliche (engl. full motion) Simulation, kurz auch Bewegungssimulation genannt, ist die vestibuläre Wahrnehmung von Bedeutung. Der Vestibulärapparat (siehe Abbildung 2.1) befindet sich im Inneren des Hörorgans und ist für die Beschleunigungswahrnehmung und Raumorientierung verantwortlich.

Der Vestibulärapparat besteht anatomisch aus drei annähernd kreisrunden Kanälen (Bogengangorgane) und zwei Säckchen, den sogenannten Vorhofsäckchen (Otolithenorgane) [51]. Das Bogengangorgan ist für die Detektion der Rotation im Raum zuständig, während das Otolithenorgan für die translatorische Detektion verantwortlich ist.

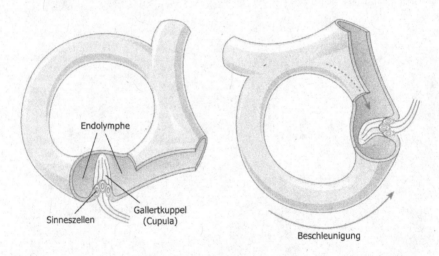

Abbildung 2.2: Aufbau des Bogengangorgans und Wahrnehmung von rotatorischen Bewegungen [119]

Die drei Bogengänge liegen senkrecht zueinander und sind für die drei Drehbewegungen im Raum zuständig. Ein Bogengang enthält Flüssigkeit und mündet in eine Ausbuchtung (Ampullen), in der sich kleine Sinneszellen befinden. Bei einer rotatorischen Bewegung dauert es einen kurzen Moment, bis die Flüssigkeit die Drehbewegung erfährt. Durch diese Trägheit werden die Sinneshärchen umgebogen (siehe Abbildung 2.2) und lösen einen Reiz aus, der als

Nervensignal an das Gehirn weitergeleitet und vom Menschen als rotatorische Bewegung detektiert wird.

Die Otolithenorgane befinden sich direkt neben den Bogengängen und sind ebenfalls senkrecht zueinander aufgebaut. Sie weisen eine zum Bogengangorgan vergleichbare Funktionsweise auf. In beiden Otolithen-Säckchen befinden sich feine Sinneszellen, die mit der Otolithenmembran verwachsen sind. Auf diesen Sinneshärchen haften kleine Kalkkörnchen, welche eine größere spezifische Dichte als ihre Umgebung aufweisen. Bei einer Beschleunigung erfahren diese eine Art Scherbewegung (siehe Abbildung 2.3). Dadurch werden die Sinneshärchen verbogen und der entstandene Reiz an das Gehirn weitergeleitet, sodass eine translatorische Bewegung wahrgenommen wird [119].

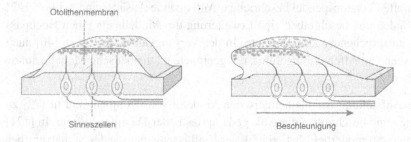

Abbildung 2.3: Aufbau des Otolithenorgans und Wahrnehmung von translatorischen Bewegungen [119]

Der Verlauf aller Signalströme, ausgehend vom vestibulären Sinnesorgan bis hin zur reaktiven Handlung, kann als Regelstrecke angesehen werden [79] und ist in Abbildung 2.4 dargestellt. Die Sinnesorgane verhalten sich wie eine Sensorik, welche die Umgebung detektiert. Die an das Gehirn weitergeleiteten Signale werden dort verarbeitet und mit bekannten Ereignissen verglichen. Daraufhin werden die Signale an die Gliedmaßen weitergeleitet, welche eine Reaktion ausführen. Die Reaktion selbst wird dann vom menschlichen Körper wieder detektiert.

Die menschliche Wahrnehmungsfunktion wird für die Erstellung und Umsetzung des MCA systemdynamisch modelliert. Dadurch kann die Software-in-the-Loop-Simulation (SIL) der menschlichen Wahrnehmung angepasst wer-

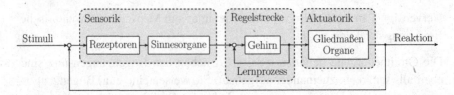

Abbildung 2.4: Menschliche Bewegungswahrnehmung als Regelkreis [79]

den. Eine übersichtliche Darstellung der Modellbildung des Vestibulärapparats ist bei [35] zu finden. Dabei wird insbesondere auf die Modellierung der Bogengang- und Otolithenorgane eingegangen.

Die ersten Modelle der Bogengänge sind bei [104] zu finden und wurden als gedämpftes Torsionspendel beschrieben. Aufbauende Ansätze sind bei [71, 122] zu finden und beschreiben eine Erweiterung des Modells um einen Hochpass mit entsprechender Zeitkonstante. In der Vergangenheit wurden in [40] auch Versuche an Affen durchgeführt, um geeignete mathematische Modelle aufzustellen.

Die Aufstellung der mathematischen Modelle von Otolithen sind in [72] zu finden und beschreiben diese als gedämpftes Feder-Dämpfer-System. In [121] konnte mit moderner Messtechnik der Einfluss von neuronaler Signalverarbeitung nachgewiesen und das Modell mit entsprechendem dynamischen Verhalten und einer zusätzlichen Zeitkonstante erweitert werden. Auch für die Modellierung der Otolithenorgane wurden in [34] Versuche an Affen durchgeführt, um mathematische Modelle aufzustellen. Erwähnenswert ist noch die Modellierung in [40], bei welcher andauernde Eingangssignale und Adaptionsmechanismen beschrieben werden. In [63] wird gezeigt, dass das Otolithenorgan für spezielle Anregungen als Hochpass modelliert werden kann. Dies ist von wichtiger Bedeutung, da der Aufbau und die Funktionsweise des MCA in der translatorischen Bewegung genau auf dieser Annahme beruhen.

2.3 Systemdynamische Grundlagen des Motion-Cueings

In der vollbeweglichen Fahrsimulation spielt die Signalfilterung eine große Rolle. Dabei wird die menschliche Wahrnehmungsfunktion systemdynamisch möglichst genau nachsimuliert. Durch eine geeignete Filterung der Eingangs-signale aus der Fahrdynamiksimulation können die Signale so aufbereitet wer-den, dass der Fahrsimulator Bewegungen ausführt, die für den Fahrer ein realis-tisches Fahrgefühl emulieren. Es erfordert dabei ingenieurmäßiges Geschick, die Filterung derart auszulegen, dass der Fahrsimulator sein gesamtes kinema-tisches Potential entfalten und gleichzeitig die Signale der Fahrdynamiksimula-tion möglichst genau wiedergeben kann. Interessanterweise vollführt der Simu-lator dabei von außen gesehen oftmals unerwartete Fahrbewegungen. Letztend-lich kann die gesamte Filterung des Motion-Cueings auf die Funktionsweise der Hoch-, Tief- und Bandpassfilterung zurückgeführt werden.

2.3.1 Systemtheoretischer Aufbau und Signalverarbeitung

Unter einem dynamischen System wird in der Signalverarbeitung zunächst ei-ne Beziehung von Wechselwirkungen zwischen einem Eingang $u(t)$ und Aus-gang $y(t)$ im Zeitbereich verstanden [43]. Das Übertragungsverhalten des Sys-tems $g(t)$ wird dabei als White-Box- oder Black-Box-System dargestellt [112]. Die Eingangsgrößen des MCA kommen aus der Fahrdynamiksimulation und die Ausgangsgrößen beinhalten die Bewegungsdynamik des Hexapods und des Schlittensystems.

Da die Beziehung des Übertragungsverhaltens von Ausgang zu Eingang im Zeitbereich für numerische Lösungsansätze einer komplexen Faltung mit dem Faltungsintegral

$$y(t) = \mathcal{L}^{-1}\{G(s) \cdot U(s)\} = \int_0^t g(t - \tau)\, u(\tau)\, d\tau = g(t) * u(t) \qquad \text{Gl. 2.1}$$

entspricht, werden die Signale mittels Laplace-Transformation in den Bildbe-reich

$$G(s) = \frac{Y(s)}{U(s)} \qquad \text{Gl. 2.2}$$

transformiert, mit den Laplace-transformierten Größen $G(s) = \mathcal{L}\{g(t)\}, Y(s) = \mathcal{L}\{y(t)\}$ und $U(s) = \mathcal{L}\{u(t)\}$. Damit kann das Verhalten des Systems durch dessen Amplituden- und Phasengang im Frequenzbereich $s = j\omega$ mittels einfacher Multiplikation beschrieben werden [69].

Das Amplitudenverhalten des Systems wird über die stationäre Verstärkung k zwischen Ein- und Ausgang eingestellt, wohingegen der Phasengang das zeitliche Verhältnis zwischen Ein- und Ausgang beschreibt [69]. Eine weitere einstellbare Größe ist die Grenzfrequenz ω eines Filters, welche das Frequenzspektrum in einen Sperr- und Durchlassbereich trennt. Dabei sollen Signale im Sperrbereich vom Filter blockiert werden, während Signale im Durchlassbereich das Filter möglichst unverfälscht passieren können [62]. Auch Bandpassfilter kommen beim MCA zur Anwendung und stellen eine Verbindung von Hoch- und Tiefpass dar. Nachfolgend wird die Funktionsweise der Filterung etwas detaillierter vorgestellt.

Filter können unterschiedliche Systemordnungen aufweisen, wobei die gängigen Filterordnungen im Bereich des Motion-Cueings zweite oder dritte Ordnung besitzen. Diese weisen unterschiedliches Konvergenzverhalten auf und können mittels Einheitssprung als eingehendes Beschleunigungssignal verglichen werden. In [35, 86] wird das Verhalten für unterschiedliche Filterordnungen eingehend erläutert.

Üblicherweise werden Hochpassfilterungen für die translatorische Bewegung verwendet und werden als sogenannte Washout-Filter (deutsch Auswaschungsfilter) bezeichnet. Für rotatorische Bewegungen des Simulators werden hingegen Tiefpassfilter verwendet und in der Literatur als Tilt-Coordination (deutsch Neigungs- oder Kippkoordinierung) bezeichnet. Nachfolgend wird auf das jeweilige Filterverhalten in diesen beiden Bereichen getrennt eingegangen.

Washout

Der Begriff des Washouts beschreibt das translatorische Verhalten des Hexapods und Schlittensystems, wobei nach anfänglicher Anregung das System zurück in seine Ursprungslage geht und aufgrund dessen wieder für neue Signalanregungen zur Verfügung steht. Somit werden die Eingangssignale nach einer gewissen Zeit „ausgewaschen". Dadurch entstehen für den Simulator große Bewegungsmöglichkeiten im limitierten Arbeitsraum.

Das Washout-Verhalten kann über die Dynamik eines Hochpasses, hier beispielsweise 3. Ordnung

$$G_{HP_3}(s) = k \cdot \frac{s^3}{s^3 + 3\omega s^2 + 3\omega^2 s + \omega^3}$$ Gl. 2.3

erzeugt werden und soll nachfolgend kurz verdeutlicht werden. Wird vereinfacht ein Einheitssprung

$$u(t) = \sigma(t) \ \bullet\!\!-\!\!\circ \ \mathcal{L}\{u(t)\} = U(s) = \frac{1}{s}$$

als Eingangssignal betrachtet, so ergibt sich der Ausgang des Filters mit dem Endwertsatz [87] zu

$$\lim_{t \to \infty} y(t) = \lim_{s \to 0} s \cdot Y(s) = \lim_{s \to 0} s \cdot G(s) \cdot U(s) \Big|_{U(s) = \frac{1}{s}} \to 0,$$ Gl. 2.4

wobei ersichtlich wird, dass mit zunehmender Zeit der Ausgang gegen Null strebt. Der zurückgelegte Weg des Simulators kann durch zweimalige Integration dargestellt werden. Mit dem Endwertsatz lässt sich ebenfalls für den Fahrweg nachweisen, dass dieser mit zunehmender Zeit in den Ursprung zurückkehrt.

Somit besteht die Funktionsweise des Washouts in dem „Trick", nach erfolgreicher Beschleunigung eine gegensätzliche Beschleunigung aufzubauen. Diese ist in der Realität hingegen nicht vorhanden, dient jedoch dazu, den Simulator wieder in seine Ursprungslage zurückkehren zu lassen. Da in Kapitel 5 eine komplexe Vorsteuerung vorgestellt wird, kann der Washout-Effekt in der späteren Auslegung des Hochpasses deutlich verringert werden. Dies geschieht hauptsächlich durch das Verringern der Filterordnung auf den zweiten Grad, sodass sich die allgemeine Form des Hochpasses zu

$$G_{HP_2}(s) = k \cdot \frac{s^2}{s^2 + 2D\omega s + \omega^2}$$ Gl. 2.5

ergibt. Wie erwünscht, strebt nach oben genanntem Endwertsatz die Beschleunigung mit zunehmender Zeit gegen Null. Bei Anwenden des Endwertsatzes auf die zweifache Integration (Fahrweg) strebt das Signalverhalten des Filter-ausgangs gegen k. Der Simulator fährt dadurch nicht mehr in seine Ursprungs-lage, sodass eine geeignete Vorsteuerung des Simulators vonnöten ist.

Durch die geringere Filterordnung ist mit den Parametern k, D und ω ein bes-seres physikalisches Verständnis der Filter gegeben. Das Amplituden-, Däm-pfungs- und Frequenzverhalten stehen direkt in Beziehung zueinander, was eine vereinfachte Parametrierung der Filter ermöglicht. Die adaptive ereignis-diskrete Filterung hängt in dieser Arbeit von fahrdynamischen Szenarien ab und weist dadurch ein veränderbares Verhalten zur Laufzeit auf. Aufgrund des-sen ist das Verhalten des Simulators deutlich bestimmter, sodass das Washout-Verhalten bedeutend reduziert werden kann. Diese Arbeit soll dazu beitragen, den klassischen Washout-Effekt weitgehend zu eliminieren und somit Fehler im Beschleunigungsvorgang zu minimieren.

Tilt-Coordination

Die Tilt-Coordination (TC) wird in der Simulation dazu benutzt, um andau-ernde stationäre Motion-Cues auf den Fahrer einwirken zu lassen. Dazu wird klassischerweise ein Hexapod benötigt, welcher Kippbewegungen ausführen kann (siehe Kapitel 1.1.1). Um den Fahrer geeignete Beschleunigungen erfah-ren lassen zu können, wird sich dabei des Aufbaus und der Funktionsweise des Vestibulärapparats aus Kapitel 2.2 bedient. Eine ausführliche Herleitung über die translatorische Bewegungswahrnehmung durch Rotation ist bei [35] zu finden.

Bei der Auslegung der TC ist darauf zu achten, dass die als translatorisch wahr-genommene Beschleunigung tatsächlich rotatorischer Natur ist. In der Querdy-namikbewegung können dadurch Zentrifugalkräfte auf den Fahrer realistisch simuliert werden. In der Längsbewegung erweist sich ein realistisches Kipp-verhalten des Hexapods (Nicken) als schwierig, da auftretende Beschleuni-gungen und Beschleunigungsdauer schlecht vorhersagbar sind. Lediglich das Nickverhalten des Fahrzeugaufbaus wird als Eins-zu-eins-Kippen an den He-xapod übertragen.

Nach [35] sind für eine realistische Wahrnehmung vor allem der eigentliche Drehpunkt und die Drehgeschwindigkeit des Hexapods maßgeblich. Der Drehpunkt kann beispielsweise in den Fahrerkopf, oberhalb des Fahrerkopfes oder gar unterhalb der Füße positioniert werden. Es hat sich durch subjektive Tests gezeigt, dass der Fahrer eine realistischere Wahrnehmung für Drehungen um den Fahrerkopf empfindet [35]. Dies hängt nicht zuletzt damit zusammen, dass sich dort der Vestibulärapparat befindet.

Die Bedeutung der Signalfilterung von MCA kann wie folgt zusammengefasst werden: Durch geeignete Kombination der Hochpass- (Washout) und Tiefpass-filterung (Tilt-Coordination) ergibt sich für Beschleunigungs- und Verzöge-rungsvorgänge des Simulators eine Kombination aus translatorischen und ro-tatorischen Bewegungen. Diese werden in Echtzeit auf den Hexapod und das Schlittensystem umgeleitet, welche somit typische Bewegungsabläufe abfah-ren, wie sie in Abbildung 2.5 dargestellt sind.

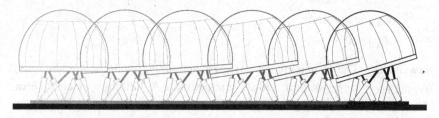

(a) Simulierter Beschleunigungsvorgang des Fahrsimulators von links nach rechts

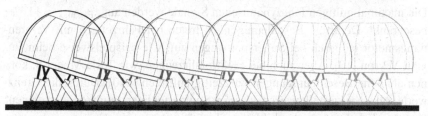

(b) Simulierter Verzögerungsvorgang des Fahrsimulators von rechts nach links

Abbildung 2.5: Simulierter Beschleunigungs- (a) und Verzögerungsvorgang (b) des Fahrsimulators durch Kombination von Hexapod und Schlittensystem in der Längsbewegung

2.3.2 Nichtlineare Skalierung der Eingangssignale

Da die ankommenden Signale der Fahrdynamiksimulation für das Motion-Cueing oftmals zu große Amplituden aufweisen, werden diese zu Beginn des MCA nichtlinear skaliert. Dazu wird das in [108, 120] verwendete Polynom dritten Grades

$$\ddot{x}_{Fzg,skal} = a_{skal}\, \ddot{x}_{Fzg}^3 + b_{skal}\, \ddot{x}_{Fzg}^2 + c_{skal}\, \ddot{x}_{Fzg} + d_{skal} \qquad \text{Gl. 2.6}$$

mit den Koeffizienten

$$a_{skal} = \frac{1}{\ddot{x}_{Fzg,max}^3} \left(m_0\, \ddot{x}_{Fzg,max} - 2\, \ddot{x}_{Fzg,skal,max} + m_{max}\, \ddot{x}_{Fzg,max} \right),$$

$$b_{skal} = \frac{1}{\ddot{x}_{Fzg,max}^2} \left(3\, \ddot{x}_{Fzg,skal,max} - 2\, m_{max}\, \ddot{x}_{Fzg,max} \right),$$

$$c_{skal} = m_0 \quad \text{und}$$

$$d_{skal} = 0$$

verwendet. Die maximalen Beschleunigungssignale werden auf $\ddot{x}_{Fzg,skal,max} = 6\,m/s^2$ skaliert, sodass eine optimale Aufteilung zwischen Hexapod und Schlittensystem gegeben ist. Mit m_0 und m_{max} werden die Steigungen des Polynoms für kleine und maximale Skalierungen bestimmt.

Die maximal gültigen fahrdynamischen Signale werden auf $\ddot{x}_{Fzg,max} = 11\,m/s^2$ beschränkt. Derartige Beschleunigungen treten bei Fahrzeugen mit Verbrennungsmotor lediglich bei Supersportwagen auf, wie beispielsweise beim Bugatti Veyron [19]. Aber auch bei Elektrofahrzeugen, wie Tesla Model S, können ähnliche Beschleunigungen kurzzeitig auftreten [110]. Durch die Grenzwerte soll sichergestellt werden, dass im Stuttgarter Fahrsimulator auch dementsprechende Fahrzeuge abgebildet werden können.

2.3.3 Koordinatentransformation

In der Fahrzeugtechnik werden hauptsächlich zwei gültige Normen für die Beschreibung des Fahrzeugs in Koordinatensystemen eingesetzt. Zum einen sind in der ISO 8855 allgemeingültige Normen bezüglich Fahrzeugdynamik, Straßenfahrzeugen und Fahrverhalten beschrieben [24]. Zum anderen beschreibt die SAE J670 gängige Standards und unterscheidet sich bezüglich der Koordinatensysteme in einer divergenten Ausrichtung [93].

Die Signale müssen mittels Koordinatentransformation ineinander umgerechnet werden. Dadurch werden Signalüberlagerungen der unterschiedlichen Systeme geeignet aufeinander abgestimmt, sodass auf den Fahrer eine realistische Signalflut einwirken kann. Grundsätzlich existieren unterschiedlich definierte Koordinatensysteme (KOS) wie beispielsweise das Fahrdynamik-KOS, das Fahrzeugposition-KOS, das Fahrerkopf-KOS im Dom, das Schlittensystem-KOS und das Hexapod-KOS. Auch am Stuttgarter Fahrsimulator müssen geeignete Koordinatentransformationen durchgeführt werden. Eine ausführliche Beschreibung der dabei zur Anwendung kommenden Koordinatensysteme und deren Bedeutung ist in [86] erläutert. In dieser Arbeit wird deswegen auf die Erläuterung der durchgeführten Koordinatentransformationen verzichtet.

3 Verkopplung von Hexapod und Schlittensystem

Das vorliegende Kapitel setzt sich im ersten Teil mit der Bewegungswahrnehmung im Fahrsimulator auseinander. Es wird kritisch untersucht, inwiefern sich die Bewegungswahrnehmung nachteilig auf den Simulatorfahrer auswirkt. Das Augenmerk liegt auf der Bewertung von unterschiedlichen Bewegungsphasen, Fehlertypen, auftretender Simulatorkrankheit und dem Einfluss von Wahrnehmungsschwellen. Darauf basierend werden Ziele für den Entwurf eines neuartigen Motion-Cueing-Algorithmus (MCA) erörtert. Diese werden separat für den Hexapod und das Schlittensystem definiert und sollen eine Optimierung in der Längsbewegung sicherstellen.

Fahrsimulatoren, die aus einem Hexapod und Schlittensystem bestehen, werden oftmals getrennt voneinander ausgelegt. Wie in Kapitel 1.2 erwähnt, treten dabei einige Nachteile bezüglich eines realistischen Fahrgefühls auf. Mögliche Fehler werden im ersten Teil dieses Kapitels erläutert. Im zweiten Teil wird darauf aufbauend eine dynamische Kopplung zwischen den beiden Teilsystemen Hexapod und Schlittensystem definiert.

3.1 Optimierung der Bewegungswahrnehmung

In der klassischen Fahrsimulation werden Bewegungen über einen Hexapod an den Fahrer übermittelt. Einige Simulatoren besitzen zusätzlich ein ein- bzw. zweidimensionales Schlittensystem, welches ebenfalls Motion-Cues an den Fahrer übermittelt. Dabei wird allgemein zwischen drei unterschiedlichen Bewegungsphasen unterschieden [35]:

- **Anfängliche Motion-Cues** (engl. initial cues, onset cues) treten bei einsetzenden oder hochfrequenten Bewegungen auf.

© Springer Fachmedien Wiesbaden GmbH, ein Teil von Springer Nature 2020
T. Miunske, *Ein szenarienadaptiver Bewegungsalgorithmus für die Längsbewegung eines vollbeweglichen Fahrsimulators*, Wissenschaftliche Reihe Fahrzeugtechnik Universität Stuttgart, https://doi.org/10.1007/978-3-658-30470-6_3

- **Dauerhafte Motion-Cues** (engl. sustained cues) beschreiben anhaltende oder niederfrequent auftretende Bewegungen.

- **Verbindende Motion-Cues** (engl. transient cues) repräsentieren die Übergangsphase der anfänglichen und dauerhaften Bewegungen und stellen hauptsächlich mittelfrequente Bewegungsabläufe dar.

In [5] werden die verbindenden Motion-Cues durch das Verkoppeln von nieder- und hochfrequenten Signalen beschrieben. Ein grundlegender Nachteil derartig auftretender Bewegungen ist die Verbindung von unterschiedlichen Frequenzen. Diese Veränderung kann von Fahrern oftmals wahrgenommen und als unrealistische Bewegung empfunden werden. In [80] wird eine optimalsteuerungsbasierte Minimierung eines Fehlerterms zwischen Hexapod und Schlitten vorgestellt. Diese berücksichtigt jedoch keine adaptive Umschaltung der Filterkoeffizienten. Die vorliegende Arbeit soll genau diese Problematik verbessern, indem unterschiedliche fahrdynamische Szenarien detektiert und der MCA entsprechend adaptiv zwischen unterschiedlichen Bewegungsarten umschalten kann. Dies soll derart geschehen, dass die Adaptionen für den Fahrer nicht wahrnehmbar sind. Um den adaptiven MCA entsprechend auslegen zu können, werden in Kapitel 4 unterschiedlich auftretende fahrdynamische Szenarien anhand von Messfahrten im realen Straßenverkehr untersucht und ausgewertet.

Insbesondere dauerhafte Motion-Cues werden großteils über Kippen des Hexapods dargestellt. Somit wird dem Fahrer anstatt einer translatorischen Beschleunigung eine simulierte Beschleunigungswahrnehmung appliziert, die sich aus der rotatorischen Bewegung des Hexapods ergibt. Dabei tritt jedoch der gravierende Nachteil falscher Bewegungsdarstellungen auf. Diese können in folgende unterschiedliche Fehlertypen aufgeteilt werden [35, 47, 48]:

- **Falsche Motion-Cues** beschreiben falsch dargestellte Bewegungsinformationen, die vom Fahrer nicht erwartet werden.

- **Fehlende Motion-Cues** sind Bewegungen, welche nicht vom Bewegungssystem des Fahrsimulators dargestellt werden können.

- **Phasenfehler** beschreiben zeitlich verzögerte Bewegungen.

• **Skalierungsfehler** äußern sich durch spürbare Unterschiede zwischen wahrgenommenen und zu erwartenden Bewegungen.

Da dauerhafte Cues durch Verkippung des Hexapods dargestellt werden, entsteht bei dieser Bewegung oftmals eine Überlagerung mehrerer Fehlertypen. Zum einen treten falsche Cues auf, da keine translatorische sondern rotatorische Bewegungen an den Fahrer übermittelt werden. Weiterhin kommt es durch eine niederfrequente Auslegung der Tilt-Coordination (TC) zu Phasenfehlern. Ein weiterer Nachteil ist die nicht eins-zu-eins übertragbare Beschleunigungsamplitude der TC, wodurch Skalierungsfehler entstehen. Diese Häufung der auftretenden Fehler führt dazu, in erster Linie die TC neu auszulegen. Dabei ist darauf zu achten, dass der Hexapod keine zu großen Winkel und Winkelraten darstellt. Dadurch wird die Beschleunigungsdarstellung durch Verkippung der Plattform minimiert.

An dieser Stelle sei noch zu erwähnen, dass durch die künstlich geschaffene Realität in der vollbeweglichen Simulation die sogenannte Simulatorkrankheit auftreten kann [4, 25, 54]. Diese tritt dabei als Bewegungskrankheit (oder Reise- bzw. Seekrankheit) auf und wird auch als Kinetose bezeichnet [61]. Der Begriff beschreibt eine durch nicht übereinstimmende Sinneseindrücke verursachte vegetative Symptomatik in Bewegungssituationen. Auswirkungen zeigen sich durch Auftreten von Blässe, Kaltschweißigkeit, Übelkeit und Erbrechen. Kinetose tritt insbesondere bei passiven Bewegungen im niedrigeren Frequenzspektrum durch Fehlen eines Orientierungspunktes (beispielsweise am Horizont) auf, was dem typischen Verhalten der TC entspricht. Zusätzlich kann sich die Simulatorkrankheit durch Probleme wie Infektionen im Innenohr des vestibulären Systems verstärken.

Diese Symptomatik soll ebenfalls durch die Entwicklung eines neuartigen MCA gelindert und bestenfalls vermieden werden, indem die sensorischen Konflikte des vestibulären Hörorgans minimiert werden. Dabei bietet der Stuttgarter Fahrsimulator den Vorteil eines zusätzlich integrierten Schlittensystems. Dadurch können anfängliche und verbindende Motion-Cues durch den Simulatorschlitten dargestellt werden und müssen nicht durch ein Verkippen des Hexapods an den Fahrer übermittelt werden.

Ein weiterer Aspekt in der allgemeinen Simulation ist die Handhabung von sogenannten Wahrnehmungsschwellen. Diese wurden in der Literatur schon

ausführlich untersucht und unterliegen meist subjektiven Kriterien. Sehr frühzeitig wurde in [49] die These von existierenden konstanten Schwellwerten
aufgestellt, welche für eine wahrnehmbare Bewegung überschritten werden
müssen. Weiterhin wurde in [11, 50] aufgezeigt, dass Winkelbeschleunigungen frequenzabhängige Wahrnehmungsschwellen aufweisen.

In [59] wird für lineare Beschleunigungen mittels Experimenten eine Korrela-
tion zwischen Alter und der damit einhergehenden Bewegungswahrnehmung
nachgewiesen, wobei die Wahrnehmungsschwellen mit zunehmenden Alter
deutlich ansteigen. Dies führt vor allem für demographisch verteilte Probandenstudien zu Fehleranfälligkeiten, da für die durchgeführten Fahrten jeweils
derselbe MCA verwendet wird.

Bei [116] werden Wahrnehmungsschwellen mit und ohne Drehraten bei Dun-
kelheit untersucht. Auftretende Kippbewegungen werden relativ zügig von den
Probanden wahrgenommen. Gleichzeitig ist dabei jedoch die Intensität der
Bewegungswahrnehmung von den Testpersonen unterschiedlich stark wahrgenommen worden. Neuere Untersuchungen [83] zeigen, dass die Schwellwerte
tendenziell höher gewählt werden können. Dies gilt jedoch für Rollraten und
nicht unbedingt für Nickraten.

Zusammenfassend lässt sich konstatieren, dass Wahrnehmungsschwellen in
einem gewissen Bereich zu Ungenauigkeiten führen. Da diese hauptsächlich
vom Alter, der Erwartungshaltung und dem subjektiven Empfinden des Fahrers abhängen, wird das Verkippen des Hexapods als unterschiedlich realistisch
wahrgenommen.

Der Vollständigkeit halber sei hier noch die Wahrnehmungsstörung erwähnt.
Wie in Kapitel 1.1.2 verdeutlicht, besteht die Fahrsimulation aus mehreren
simulierten Komponenten wie Graphik, Kraftrückkopplung (engl. force feed-
back), Akustik, Motion-Cueing, Fahrdynamiksimulation, etc., welche auf den
Fahrer einwirken. Durch den physikalischen Aufbau dieser Rechnernetzwerke
treten jedoch Totzeiten, Rechenzeitverzögerungen und Transformationen auf,
welche zu Ungenauigkeiten führen und widersprüchliche Informationen an das
Gehirn weiterleiten. Dadurch können auf den Fahrer taktile [58], vestibuläre,
akustische und visuelle [26] Wahrnehmungsstörungen einwirken, welche sich
durch ein fehlerhaftes sensomotorisches Zusammenspiel des Fahrers auszeichnen. Folglich kann es zu Unwohlsein, Schwindel oder Übelkeit kommen.

Aufgrund obengenannter Nachteile der Bewegungswahrnehmung wird im ersten Schritt die TC proaktiv ausgelegt. Somit können die gewünschten optimalen Winkel und Winkelraten an den Hexapod übermittelt werden. Im zweiten Schritt wird das Schlittensystem als Reaktion auf die dargestellten Beschleunigungen durch die TC ausgelegt. Somit können verbleibende Beschleunigungssignale, welche sich durch höherfrequente Signalanteile auszeichnen, mittels Schlittensystem an den Fahrer übermittelt werden.

3.2 Aufteilung der Beschleunigungssignale

Da die korrekte Bewegungswahrnehmung des Fahrers durch die Verkippung des Hexapods maßgebend ist, wird zuerst die TC ausgelegt. Dabei werden die eingangs gefilterten Beschleunigungssignale der Fahrdynamiksimulation direkt an die TC weitergeleitet. In Kapitel 4 wird die Auslegung der adaptiven TC ausführlich erläutert. Der Ausgang der TC enthält die Kippvorgabe der drei kinematischen Signale Winkel, Winkelrate und Änderung der Winkelrate und wird direkt an den Hexapod übertragen.

Damit ein Vergleich zwischen dargestellter Beschleunigung durch den Hexapod und der Fahrdynamiksimulation hergestellt werden kann, muss der Kippwinkel des Hexapods wieder in ein Beschleunigungssignal $\ddot{x}_{TC}$ zurücktransformiert werden. Dies geschieht durch den Zusammenhang

$$\ddot{x}_{TC} = -g \cdot \sin(\theta_{TC}) \qquad \text{Gl. 3.1}$$

mit der Gravitationskonstante g, wobei θ_{TC} den Kippwinkel des Hexapods darstellt. Die Transformation und Kopplung der Signale ist in Abbildung 3.1 zu sehen.

Die Beschleunigungsvorgabe für das Schlittensystem wird nun über die Differenz der darzustellenden Gesamtbeschleunigung durch die Fahrdynamiksimulation $\ddot{x}_{Fzg}$ zu der schon dargestellten Beschleunigung durch die TC $\ddot{x}_{TC}$ bestimmt. Der Eingang $\ddot{\hat{x}}_{Fzg}$ des Schlittensystems kann somit durch

$$\ddot{\hat{x}}_{Fzg} = \ddot{x}_{Fzg} - \ddot{x}_{TC} \qquad \text{Gl. 3.2}$$

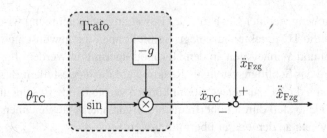

Abbildung 3.1: Transformation des Kippwinkels des Hexapods und Vergleich der Beschleunigungssignale von Fahrdynamiksimulation und Hexapod

bestimmt werden. Mit dieser Beziehung werden die Beschleunigungen durch Superposition von Hexapod und Schlitten dargestellt, welche in Abbildung 3.2 verdeutlicht ist. Die maximal mögliche Beschleunigungsdarstellung des Hexapods ergibt sich aus Gl. 3.1 zu $\ddot{x}_{TC,max} \approx 3\,m/s^2$ unter Berücksichtigung des maximalen Winkels von $\theta_{H,max} = \pm 18°$ aus Tabelle 1.1.

Das Dreieck mit der größten Fläche versinnbildlicht nicht vollständig darstellbare Beschleunigungssignale aus der Fahrdynamiksimulation, sodass diese zu Beginn skaliert werden müssen. Das Dreieck mit der zweitgrößten Fläche entspricht der maximal möglichen Beschleunigungsdarstellung am Stuttgarter Fahrsimulator. Die mögliche Aufteilung bei der Auslegung der TC ist anhand vier kleiner Dreiecke verdeutlicht. Das theoretische Ziel ist die Darstellung der longitudinalen Beschleunigungen ausschließlich über den Schlitten. Auftretende Nickwinkel des Fahrzeugaufbaus sollen hingegen mittels Hexapod dargestellt werden. Dies wird durch das ausgegraute Dreieck in der $(\ddot{x}_S, \ddot{x}_{Fzg})$-Ebene verdeutlicht, ist in der Praxis jedoch aufgrund des limitierten Arbeitsraumes des Schlittens nicht darstellbar. Dementsprechend ist bei der späteren Auslegung die richtige Balance zwischen Hexapod und Schlitten zu finden. Es muss jedoch erwähnt werden, dass die darzustellende Beschleunigung des Simulatorschlittens durch den genannten Zusammenhang keineswegs mehr den Frequenz- und Amplitudenanforderungen der Fahrdynamiksimulation entsprechen muss.

In Abbildung 3.3 ist die Längs- und Querbeschleunigung von sportlichen und Normalfahrern eines beispielhaften PKWs abgebildet [82]. Normalfahrer wei-

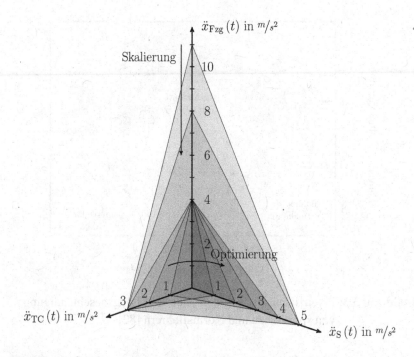

Abbildung 3.2: Superposition der darzustellenden Beschleunigungen zwischen Hexapod $\ddot{x}_{TC}(t)$ und Schlitten $\ddot{x}_S(t)$ am Stuttgarter Fahrsimulator

sen eine geringe Potenzialausnutzung der Beschleunigung auf, während sportliche Fahrer einen weitaus größeren Beschleunigungsbereich ausnutzen. Das Beschleunigungsverhalten von Normalfahrern ist im Fahrsimulator großteils realistisch darstellbar. Werden jedoch größere Beschleunigungsamplituden abgerufen, kommt der Fahrsimulator schnell an seine Grenzen und steht bezüglich der Motion-Cueing-Auslegung vor einer Herausforderung. Da der Simulator insbesondere für die sportliche Fahrweise ausgelegt wurde, ist demnach eine sinnvolle Aufteilung der Beschleunigungssignale aus Abbildung 3.2 unumgänglich.

Die tiefgründige Auslegung des Simulatorschlittens wird in Kapitel 4 erläutert. Damit der Schlitten seinen kompletten dynamischen Arbeitsraum und gleich-

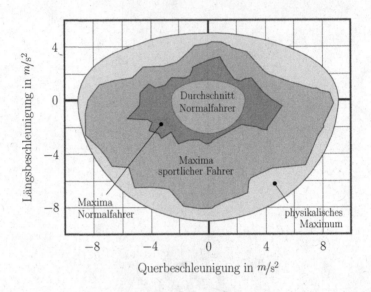

Abbildung 3.3: Potenzialausnutzung der Quer- und Längsbeschleunigung
von sportlichen und Normalfahrern [82]

zeitig möglichst langanhaltende und große Beschleunigungsamplituden darstellen kann, wird in Kapitel 5 eine flachheitsbasierte Vorsteuerung des Schlittens entwickelt.

4 Szenarienadaptiver Motion-Cueing-Algorithmus

In diesem Kapitel soll ein neuartiger Motion-Cueing-Algorithmus (MCA) entwickelt werden. Damit dem Fahrer ein möglichst realistisches Fahrgefühl vermittelt werden kann, wird im ersten Schritt eine Realfahrt-Studie bezüglich des Beschleunigungs- und Verzögerungsverhaltens von gehobenen Mittelklassefahrzeugen untersucht. Es können sich wiederholende Ereignisse festgestellt werden, die durch ein spezifisches Verhalten gekennzeichnet sind und typisiert werden. Basierend auf den daraus gewonnenen Erkenntnissen wird ein adaptiver ereignisdiskreter MCA entwickelt, welcher genau diese Ereignisse berücksichtigt und somit dem Fahrer ein noch realistischeres Fahrgefühl erleben lässt. Dieser MCA wird nachfolgend als *szenarienadaptiver Motion-Cueing-Algorithmus* (SAA, engl. scenario-adaptive algorithm) bezeichnet. Erste Untersuchungen wurden bereits in [77, 79, 80] erläutert.

Bei der Entwicklung des Algorithmus wird jeweils zwischen Tilt-Coordination (TC) und Schlittensystem unterschieden und werden getrennt voneinander ausgelegt. Der Grund liegt, wie in Kapitel 3 erläutert, in den unterschiedlichen Zielvoraussetzungen beider Teilsysteme und der dynamischen Abhängigkeit des Schlittens von der TC. Zuletzt werden beide Teilsysteme zusammengefügt und als Gesamtsystem aufgestellt.

4.1 Problemstellung

Klassische Ansätze für MCA basieren hauptsächlich auf der Auslegung von Filtern. Wie bereits ausführlich in Kapitel 2 erwähnt, wird sich für die translatorischen Bewegungen eines Fahrsimulators der Funktionalität von Hochpassfiltern bedient. Der Vorteil besteht vor allem in dem Washout-Effekt, welcher dafür sorgt, dass die Plattform nach einer bestimmten Zeit wieder zurück in ihre Ausgangslage verfährt (siehe Kapitel 2.3.1). Ein gravierender Nachteil be-

© Springer Fachmedien Wiesbaden GmbH, ein Teil von Springer Nature 2020
T. Miunske, *Ein szenarienadaptiver Bewegungsalgorithmus für die Längsbewegung eines vollbeweglichen Fahrsimulators*, Wissenschaftliche Reihe Fahrzeugtechnik Universität Stuttgart, https://doi.org/10.1007/978-3-658-30470-6_4

steht jedoch darin, dass die eingestellten Koeffizienten des Washout-Filters für alle unterschiedlichen fahrdynamischen Szenarien einer Simulatorfahrt unveränderbar eingestellt sind. Somit weist der Washout jeweils immer die selben Filtereigenschaften auf.

Für die Verkippung des Hexapods wird sich der TC bedient (siehe Kapitel 2.3.1), welche generell durch eine Tiefpassfilterung abgebildet wird. So werden andauernde Beschleunigungen auf den Simulatorfahrer über eine Verkippung simuliert. Analog zur Auslegung des Washouts wird das Filter zuerst durch objektive und anschließend subjektive Parametrierung eingestellt. Die gängige Vorgehensweise für die Erstellung von MCA ist in Abbildung 4.1 dargestellt.

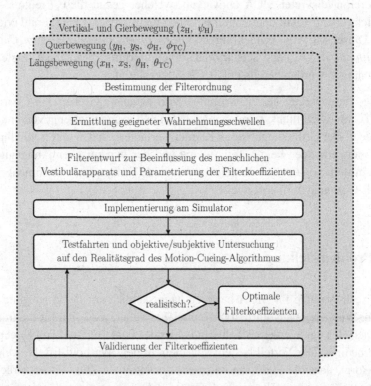

Abbildung 4.1: Gängige Vorgehensweise zur Erstellung klassischer Motion-Cueing-Algorithmen

Die Parametrierung der Filterkoeffizienten wird jeweils für alle bestehenden Freiheitsgrade aus Tabelle 4.1 durchgeführt.

Tabelle 4.1: Freiheitsgrade des Fahrsimulators

Plattform	Filter	Bewegungsart	Variable
Schlitten	Bandpass	Translation	x_S, y_S
Hexapod	Hochpass	Translation	x_H, y_H, z_H
Hexapod	Hochpass	Rotation	ϕ_H, θ_H, ψ_H
Hexapod	Tiefpass	Rotation	ϕ_{TC}, θ_{TC}

Es wird wie folgt vorgegangen: Im ersten Schritt ist die Filterordnung zu bestimmen. Günstig erwiesen haben sich Filter von zweiter oder dritter Ordnung. Damit können die fahrdynamischen Eingangssignale größtenteils realistisch am Fahrsimulator wiedergegeben werden. Weiterhin ist die menschliche Wahrnehmungsschwelle für den jeweiligen Freiheitsgrad zu bestimmen. Die Wahrnehmungsschwellen werden direkt aus dem Fahrverhalten am Simulator bestimmt oder der Literatur entnommen. Beispielhafte Richtwerte sind dazu bei *Hosman und van der Vaart* [50], *Reid und Nahon* [88] oder *Reymond und Kemeny* [89] zu finden und befinden sich für translatorische Bewegungen im Bereich zwischen $0,04$ und $0,17 \, m/s^2$. Eigene Messungen am Fahrsimulator haben eine optimale Wahrnehmungsschwelle von

$$\ddot{x} = 0,07 \, \frac{m}{s^2} \qquad \text{Gl. 4.1}$$

ergeben, welche somit zwischen den obengenannten Schwellwerten liegt. Im nächsten Schritt können aus den Kenntnissen der Wahrnehmungsschwellen und des vestibulären Systems die Hauptparameter der Filter bestimmt werden. Das vestibuläre Organ wird dabei als Übertragungsfunktion modelliert und aus Studien ermittelt (siehe Kapitel 2.2).

Ist das Filter eindeutig bestimmt, wird dieses in die Fahrsimulation eingebunden. Der dadurch entstandene MCA ist damit in die Simulationsumgebung implementiert und wird sowohl objektiv als auch subjektiv auf ein realistisches Fahrverhalten hin untersucht. Wird das Fahrgefühl als nicht realistisch empfunden, werden im Validierungsprozess die Filterkoeffizienten optimiert. Die so erzeugte Schleife wird so oft wiederholt, bis sich für den Fahrer ein akzeptables Fahrverhalten einstellt und das Fahrgefühl bestmöglichst dem realen

Fahren entspricht. Die gefundenen Filterparameter sind nun fest bestimmt und werden im Regelfall nicht mehr verändert. Genau hierin liegt der Nachteil bestehender MCA, da die Filterdynamiken nicht allen fahrdynamischen Szenarien entsprechen. Die vorliegende Arbeit soll für genau diese Problematik eine Lösung schaffen.

In diesem Kapitel sind anpassungsfähige Filter zu entwerfen, welche im Folgenden als „adaptive" Filter bezeichnet werden. Die Idee besteht darin, die Filterkoeffizienten zur Laufzeit adaptiv anzupassen. Somit soll sichergestellt werden, dass das dynamische Verfahren der Simulatorplattform der Fahrdynamik eines Realfahrzeuges entspricht. Das Ziel ist, mittels eines anpassungsfähigen MCA eine deutlich realistischere Fahrsimulation zu gewährleisten. Adaptiv (lat. adaptere, anpassen) bedeutet hierbei, dass sich der Bewegungsalgorithmus bezüglich eines entsprechenden Fahrverhaltens zur Laufzeit aktiv anpasst. Das Fahrverhalten des Simulators soll dabei auf fahrdynamischen Szenarien beruhen. Doch wie sehen solche fahrdynamischen Szenarien aus und was wird darunter verstanden? In welche Kategorien lassen sich diese einteilen? Wie ist die Adaption einzustellen, sodass sich für den Fahrer der Realitätsgrad deutlich erhöht? Solche und weitere Fragen sollen in diesem Kapitel quantitativ und qualitativ auf Basis einer Realfahrt-Probandenstudie bestimmt und klassifiziert werden. Die Ergebnisse dieser Studie basieren unter anderem auf der Arbeit von *Lehmann* [65], welche unter der Betreuung des Autors am Stuttgarter Fahrsimulator entstanden ist.

4.2 Untersuchung der Probandenstudie

Um das allgemeine fahrdynamische Fahrverhalten einer Fahrt von Start bis Ziel zu untersuchen, werden alle Fahrbewegungen von Realfahrten im allgemeinen Straßenverkehr untersucht. Dazu gehören Fahrten auf öffentlichen Straßen im urbanen Bereich, Überlandfahrten und auf Autobahnen. Als Grundlage für die Untersuchungen dient eine Probandenstudie, die am Institut für Verbrennungsmotoren und Kraftfahrwesen (IVK) an der Universität Stuttgart durchgeführt wurde. Die Fahrstrecke erfolgte auf dem sogenannten Stuttgart-Rundkurs [36] und ist in Anhang A.1 erläutert. Für die Untersuchung der Studie werden Messungen von 17 Probandenfahrten verwendet. Eine einzelne Fahrt weist dabei eine Dauer von durchschnittlich 1 h 07 min auf. Insgesamt liegt somit eine Gesamtfahrtdauer von 18 h 59 min vor [65]. Die Probandenstudie wird mit Fahrzeugen der gehobenen Mittelklasse durchgeführt, was der Fahrzeugklasse und Fahrdynamik des Mockups (deutsch Vorführmodell) am Stuttgarter Fahrsimulator entspricht. Somit können die gewonnenen Erkenntnisse aus der Probandenstudie direkt auf den Fahrsimulator angewendet werden. Dies betrifft insbesondere die Bestimmung der Fahrszenarien und deren quantitative Parameteridentifikation.

4.2.1 Untersuchung der Fahrdaten

Bei den Probandenfahrten werden alle wichtigen Fahrzeugparameter mit einer aufwendig integrierten Messtechnik aufgezeichnet. Für die Untersuchung der Fahrszenarien sind besonders folgende Messdaten von Bedeutung: Die Motordrehzahl, die Fahrpedalstellung, die Fahrzeuggeschwindigkeit und alle Beschleunigungsdaten der longitudinalen und lateralen Fahrzeugbewegung. Die Messdaten werden mit einer Frequenz von 2 kHz aufgenommen. Für die Messauswertung werden die zum Teil verrauschten Signale mit einem Butterworth Tiefpassfilter 4. Ordnung aufbereitet. Der Vorteil liegt in der direkten Übertragung des Signalverlaufs unterhalb der Grenzfrequenz ω. Nachteilig wirken sich aber die ungewollte Dämpfung nahe der Grenzfrequenz und eine unvermeidbare Phasenverschiebung aus [69, 112]. Diese sind jedoch derart gering, dass sie für die nachfolgenden Untersuchungen weitestgehend vernachlässigt werden können.

4.2.2 Aufteilung in relevante Szenarien

Bei genauerer Untersuchung der Messfahrten können drei unterschiedliche Hauptszenarien beobachtet werden:

- Normalfahrten (N),

- Beschleunigungsvorgänge (B) und

- Verzögerungsvorgänge (V).

Alle drei Vorgänge können wiederum in die beiden Unterkategorien

• Beschleunigung aus dem Stand bzw. Verzögerung in den Stand und

• Beschleunigung aus der Fahrt bzw. Verzögerung in die Fahrt

aufgeteilt werden. Dabei sind die Anfangs- bzw. Endgeschwindigkeit bei Beschleunigungsänderungen aus der Fahrt bzw. in die Fahrt größer Null. Die kategorische Aufteilung der fahrdynamischen Szenarien ist in Abbildung 4.2 dargestellt. Im Folgenden werden die drei Hauptszenarien Beschleunigungsfahrt, Normalfahrt und Verzögerungsvorgang detailliert betrachtet. Insbesondere soll herausgearbeitet werden, welche charakteristischen Merkmale diese Beschleunigungs- und Verzögerungsvorgänge in ihren Verläufen aufweisen.

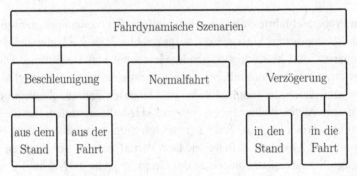

Abbildung 4.2: Einteilung der drei fahrdynamischen Hauptszenarien und die dazugehörigen Unterkategorien

Normalfahrt

Unter einer Normalfahrt werden Fahrten verstanden, bei denen keine signifikanten Beschleunigungsbeträge vorhanden sind. Dies wirkt sich in einer nahezu konstant gehaltenen Fahrzeuggeschwindigkeit aus und wird als gleichförmige Bewegung bezeichnet. Für eine detailliertere Untersuchung ist in Abbildung 4.3 beispielhaft eine typische Normalfahrt abgebildet, wobei sich das Fahrzeug auf einem Landstraßenabschnitt befindet. Die abgebildete Fahrt gilt repräsentativ für alle anderen untersuchten Normalfahrten der Studie.

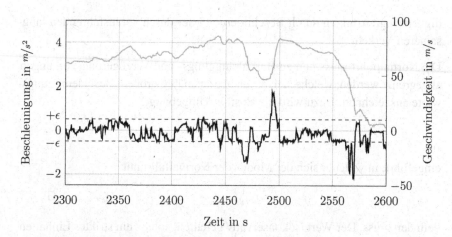

Abbildung 4.3: Typischer Verlauf der Geschwindigkeit (—) und Beschleunigung (—) einer Normalfahrt mit den Schwellwerten $\epsilon = \pm0,5\,m/s^2$ [65]

Die Fahrzeuggeschwindigkeit wird über einen Zeitverlauf von etwa zweieinhalb Minuten (zwischen 2300 s und 2450 s) von 60 km/h auf eine Geschwindigkeit von etwa 80 km/h erhöht. Dabei wird die Fahrzeugbeschleunigung jedoch nicht konstant gehalten, sondern variiert zwischen betragsmäßig kleinen Beschleunigungsänderungen. Die Gründe liegen in einer der Umgebung angepassten Fahrweise und der Vermeidung eines zu hohen Spritverbrauchs durch unnötiges Beschleunigen. Zudem können auf vielen Straßen aufgrund des zunehmenden Verkehrs, besonders im Berufsverkehr, oftmals keine größeren Beschleunigungen ermöglicht werden. Bei der Untersuchung weiterer Fahrten ist dasselbe Beschleunigungsverhalten zu beobachten, wobei die Geschwindigkeitsanpassung über einen längeren Zeitraum stattfindet.

Interessanterweise gilt das eben beschriebene Beschleunigungsverhalten nicht nur für positive Beschleunigungen (Zunahme der Fahrzeuggeschwindigkeit) sondern analog dazu auch für Verzögerungsvorgänge über einen längeren Zeitraum. Solche Vorgänge treten dann ein, wenn der Fahrer seine Fahrgeschwindigkeit vorausschauend anpasst. Dazu gehören insbesondere das frühzeitige Erkennen einer roten Ampel, die Geschwindigkeitsverminderung vor Geschwin-

digkeitsbegrenzungen durch Beschilderung oder durch vorausfahrenden lang-
sameren Verkehr.

Die Normalfahrt muss nun zu Beschleunigungs- und Verzögerungsvorgängen
abgegrenzt werden, welche sich durch betragsmäßig größere Beschleunigungswerte auszeichnen. Dazu wird die Epsilon-Umgebung

$$\epsilon = \left| 0{,}5 \, \frac{m}{s^2} \right|$$

eingeführt, in welcher sich der Modus der Normalfahrt mit

$$\ddot{x}_{Fzg,N} \leq \epsilon \qquad\qquad Gl.\ 4.2$$

befinden muss. Der Wert ist konservativ gehalten, sodass ein striktes Einhalten
der Beschleunigungswerte sichergestellt ist. Damit eine klare Abgrenzung der
Modi gegeben ist, muss der Epsilon-Wert deutlich über- bzw. unterschritten
werden. Der dazugehörige Schwellwert

$$S_N = \left| 0{,}4 \, \frac{m}{s^2} \right|$$

stellt die Über- bzw. Unterschreitung sicher. Grundsätzlich ist davon auszugehen, dass alle allgemeingültigen Werte bzgl. Normalfahrten Beschleunigungen
kleiner $1\,m/s^2$ aufweisen. Diese harte Grenze wird später als Mindestgröße für
den Beschleunigungswert festgelegt. Das bedeutet, dass alle Beschleunigungen größer $1\,m/s^2$ bzw. kleiner $-1\,m/s^2$ nicht mehr der Normalfahrt (N), sondern
eindeutig der Beschleunigung (B) bzw. Verzögerung (V) zugeordnet sind.

Beschleunigungsvorgang

Nachfolgend werden alle 1304 Beschleunigungsvorgänge aus dem Stand und
aus der Fahrt untersucht. Bei Beschleunigungswerten größer als $1\,m/s^2$ kann
von echten Beschleunigungen gesprochen werden. Außerdem sind die Verläufe zu typisieren und auf ihre Häufigkeiten zu untersuchen. Ziel ist hierbei die
Kategorisierung und Parameterfindung der Beschleunigungen aus dem realen
Straßenverkehr. Darauf basierend können quantitative Aussagen und qualitative Verläufe getroffen werden. Die untersuchten Beschleunigungsvorgänge decken einen Bereich von $1 - 7\,m/s^2$ ab und sind in Abbildung 4.4 zu sehen.

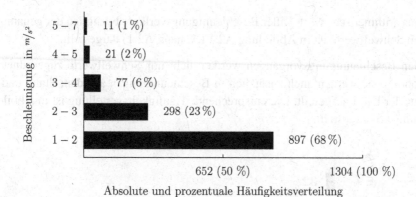

Absolute und prozentuale Häufigkeitsverteilung

Abbildung 4.4: Absolute und prozentuale Häufigkeitsverteilung aller Beschleunigungsvorgänge größer als $1\,m/s^2$ (nach [65])

Erwartungsgemäß nimmt die Anzahl der Beschleunigungen für große Werte ab. Diese treten tendenziell bei Anfahr- oder Überholvorgängen auf, während niedrige Werte bei Beschleunigungen aus der Fahrt (Anfangsgeschwindigkeit größer Null) auftreten. Sehr große Werte größer als $5\,m/s^2$ treten lediglich elf Mal (1 %) auf. Das seltene Auftreten ist für die Auslegung der Simulatorplattform vorteilhaft, da die Längsdynamik des Schlittensystems Beschränkungen von $5\,m/s^2$ unterliegt und dementsprechend große Beschleunigungen nicht darstellbar sind.

Die Klassifizierung beschränkt sich auf den Bereich $1-4\,m/s^2$, da dieser 97 % aller Beschleunigungsvorgänge beinhaltet, was einer Abweichung von $2{,}17\,\sigma$ entspricht. Die sich ergebenden drei Kategorien mit ihren Durchschnittswerten und definierten Schwellwerten (SW) S_{B_i} mit $i = \{1,2,3\}$ sind in Tabelle 4.2 eingeteilt.

Tabelle 4.2: Kategorisierung der Beschleunigungsvorgänge

Ausprägung	SW	Bereich in m/s^2	Durchschnittswert
leicht	S_{B_1}	$1 \leq \ddot{x}_{Fzg} \leq 2$	$1{,}838\,m/s^2$
mittel	S_{B_2}	$2 \leq \ddot{x}_{Fzg} \leq 3$	$2{,}833\,m/s^2$
stark	S_{B_3}	$3 \leq \ddot{x}_{Fzg}$	$3{,}848\,m/s^2$

Das arithmetische Mittel aller Beschleunigungsverläufe bezüglich der genannten Schwellwerte ist in Abbildung A2.1 (Anhang A2.1) dargestellt.

Den Beschleunigungsvorgängen werden nicht nur Schwellwerte zugeordnet, sondern sie werden auch zusätzlich in Beschleunigungen aus dem Stand und aus der Fahrt aufgeteilt. Die entsprechende Häufigkeitsverteilung ist in Abbildung 4.5 dargestellt.

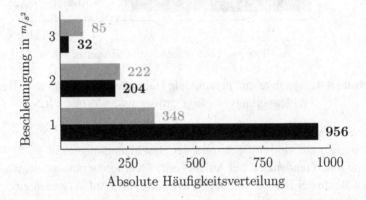

Abbildung 4.5: Absolute Häufigkeitsverteilung aller Beschleunigungsvorgänge für die Schwellwerte $1\,m/s^2$, $2\,m/s^2$ und $3\,m/s^2$ aus dem Stand (■) und aus der Fahrt (■) (nach [65])

Die absolute Häufigkeitsverteilung für Beschleunigungen aus der Fahrt nimmt mit zunehmenden Schwellwerten exponentiell ab. Beschleunigungen aus dem Stand nehmen dagegen mit zunehmenden Schwellwerten linear ab. Somit erfolgen große Beschleunigungswerte tendenziell bei Fahrten aus dem Stand - sprich Anfahrvorgängen - während geringere Beschleunigungswerte mehrheitlich bei Beschleunigungsvorgängen aus der Fahrt auftreten.

Die beiden Beschleunigungsarten können bzgl. ihres Verlaufs in vier charakteristische Bereiche eingeteilt werden und sind in Anhang A2.2 eingehend erläutert. Jeder Beschleunigungsvorgang zeichnet sich dabei durch einen Beschleunigungsaufbau, einen Beschleunigungseinbruch nach erreichtem Maximum, einen langsamen Beschleunigungsabbau und anschließender Beendigung des Beschleunigungsvorgangs aus. Darauf basierend kann der typische Signalverlauf qualitativ dargestellt werden (siehe Abbildung 4.6). Diesen gilt es mittels des SAA möglichst genau nachzubilden, sodass eine realistische Bewegungssimulation gewährleistet werden kann.

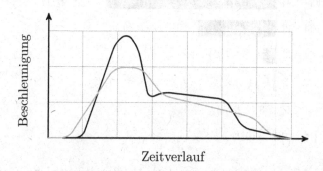

Abbildung 4.6: Qualitativer Verlauf von Längsbeschleunigungsverläufen aus dem Stand (—) und aus der Fahrt (—) (nach [65])

Verzögerungsvorgang

Die Untersuchung der Verzögerungsvorgänge ist analog zur Vorgehensweise des oben erwähnten Beschleunigungsvorgangs. Dabei wurden insgesamt 1195 Verzögerungsvorgänge untersucht, um typische Ausprägungen der Verläufe zu erkennen. Von einer Verzögerung kann ab einer Mindestverzögerung von $-1\,m/s^2$ gesprochen werden. Alle Verzögerungen, die betragsmäßig unterhalb dieser Schwelle liegen, werden zur Normalfahrt gerechnet. Die Häufigkeitsverteilung aller 1195 untersuchten Verzögerungen ist in Abbildung 4.7 dargestellt.

Die meisten Verzögerungen treten im Bereich zwischen $-1\,m/s^2$ und $-3\,m/s^2$ mit einer Wahrscheinlichkeit von knapp 94 % auf. Mit betragsmäßig zunehmender Verzögerung nimmt die Häufigkeit deutlich ab. Starke Verzögerungen ab $-3\,m/s^2$ sind in den Bereich der Vollbremsungen einzuordnen und treten selten auf (etwa 6 %). Außerdem gibt es, im Gegensatz zur Beschleunigung, noch eine weitere Kategorie, worin Verzögerungen bis zu $-10\,m/s^2$ auftreten. Aufgrund der fahrdynamischen Eigenschaften treten bei Verzögerungsvorgängen oftmals betragsmäßig größere Werte als bei Beschleunigungsvorgängen auf. Diese Information wird insbesondere bei der späteren Parametrierung der

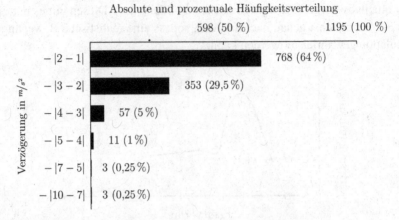

Abbildung 4.7: Absolute und prozentuale Häufigkeitsverteilung aller Verzögerungsvorgänge kleiner als $-1\,m/s^2$ (nach [65])

adaptiven Filter berücksichtigt. Die Einteilung aller Kategorien, inklusive der Durchschnittswerte und definierten Schwellwerte (SW) S_{V_i} mit $i = \{1,2,3\}$, ist in Tabelle 4.3 zu sehen.

Tabelle 4.3: Kategorisierung der Verzögerungsvorgänge

Ausprägung	SW	Bereich in m/s^2	Durchschnittswert
leicht	S_{V_1}	$-2 \leq \ddot{x}_{Fzg} \leq -1$	$-1{,}892\,m/s^2$
mittel	S_{V_2}	$-3 \leq \ddot{x}_{Fzg} \leq -2$	$-2{,}717\,m/s^2$
stark	S_{V_3}	$\ddot{x}_{Fzg} \leq -3$	$-3{,}789\,m/s^2$

Die kategorisierten Verzögerungen beschreiben die Stärke der verzögernden Bewegungen, wobei davon ausgegangen werden kann, dass mindestens 98 % aller Verzögerungen in den Bereich von $-1\,m/s^2$ und $-4\,m/s^2$ fallen, was einer Abweichung von $2{,}35\,\sigma$ entspricht. Das arithmetische Mittel aller Verzögerungsfahrten wird auf die drei Schwellwerte S_{V_i} angewendet und ist in Abbildung A2.4 (Anhang A2.3) dargestellt. Da auf diese Verzögerungssignale das arithmetische Mittel angewandt wurde, ist noch kein direktes typisches Muster der unterschiedlichen Verzögerungen erkennbar. Deswegen sind in Abbildung 4.8 fünf beispielhafte Verzögerungssignale abgebildet.

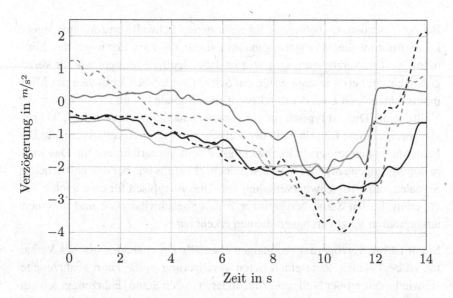

Abbildung 4.8: Charakteristische Verzögerungsvorgänge mit einer Mindestverzögerung von mindestens $-2\,m/s^2$ [65]

Ganz allgemein ist erkennbar, dass die fünf Signalverläufe sich signifikant in
ihren Ausprägungen unterscheiden. Auf den ersten Blick sind zudem keine direkten charakteristischen Merkmale ersichtlich. Im Gegensatz zu Beschleunigungsvorgängen ist hier eine größere Streuung zwischen den einzelnen Verläufen zu erkennen. Dies ist dadurch erklärbar, dass Bremsvorgänge individuell
auf die Fahrsituation und Umgebungsverhältnisse zurückgeführt werden.

Die durchgehenden Signale sind dem Schwellwert S_{V_2} und die gestrichelten Signale dem Schwellwert S_{V_3} zugeordnet. Es wird deutlich, dass die gestrichelten Signale zuerst leichte Verzögerungen aufweisen, dann aber sehr schnell
mit großem Verzögerungsgradienten dem Minimum zustreben. Nach Erreichen des Minimums geht das Signal zügig und nahezu linear über die Nulllinie
und in ein Ausschwingverhalten über. Dies ist typisch für Vollbremsungen oder
gar Notbremsungen. Dabei geht die Endgeschwindigkeit des Fahrzeugs gegen
Null bzw. weist nach einer entsprechenden Verzögerung nur noch sehr geringe
Geschwindigkeiten auf.

Bei den Signalen mit betragsmäßig niedrigerem Schwellwert (durchgezogene Linien) nimmt die Verzögerung nahezu linear bis zum Erreichen des Minimums zu. Der Verzögerungsgradient ist dabei deutlich geringer wie für Verzögerungen mit betragsmäßig größerem Schwellwert. Nach Erreichen des Minimums nähern sich zwei der durchgezogenen Signale (— und —) langsam der Nulllinie an. Dies ist typisch für ein vorausschauendes Fahrverhalten, wie beispielsweise einem Einordnen in den Verkehr nach einem Überholvorgang. Der Fahrer passt hierbei seine Geschwindigkeit dem Vorderfahrzeug an. Das andere durchgezogene Signal (—) weist jedoch, ebenfalls wie bei den gestrichelten Signalen, ein Überschwingverhalten auf. Dies ist typisch für eine leichte Verzögerung in den Stand bei geringer Anfangsgeschwindigkeit und an einem ausgeprägten Verzögerungsgradienten erkennbar.

Somit ist bei Verzögerungsvorgängen ebenfalls ein charakteristisches Verhalten zu beobachten. Zum einen treten Verzögerung in die Fahrt (Fahrzeuggeschwindigkeit größer Null) und zum anderen in den Stand (Fahrzeuggeschwindigkeit gleich Null) auf. Die entsprechende Verteilung ist in Abbildung 4.9 dargestellt.

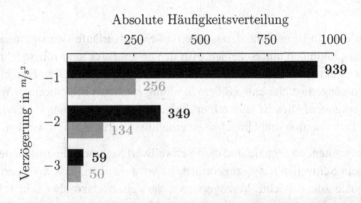

Abbildung 4.9: Absolute Häufigkeitsverteilung aller Verzögerungsvorgänge für die Schwellwerte $-1\,m/s^2$, $-2\,m/s^2$ und $-3\,m/s^2$ in den Stand (▇) und in die Fahrt (■) (nach [65])

Die Häufigkeit für Verzögerungen in die Fahrt nimmt exponentiell mit der Amplitude der Verzögerungen ab. Dies war zu erwarten, da geringe Verzögerungen insbesondere auftreten, wenn sich dem Verkehr angepasst werden soll. Sehr starke Verzögerungen sind dagegen bei knappen Einschervorgängen zu beobachten, treten jedoch eher selten auf.

Verzögerungen in den Stand treten deutlich seltener auf und nehmen mit betragsmäßig zunehmender Verzögerung nahezu linear ab. Dies hängt überwiegend von der Fahrumgebung ab. Fahrten auf Autobahnen und im Überlandverkehr weisen deutlich weniger Anhaltevorgänge auf, als Fahrten im urbanen Verkehr. Der Grund liegt in der weitaus größeren Vorausschau bei Fahrten außerorts, sodass frühzeitig mit geringeren Verzögerungen gebremst werden kann. Starke Verzögerungsvorgänge treten lediglich bei abrupten Vorgängen auf, wie beispielsweise bei einem plötzlichen Staubeginn. Bei Fahrten im urbanen Bereich sieht dies jedoch ganz anders aus. Durch das erhöhte Verkehrsaufkommen und vermehrte Auftreten von Lichtsignalanlagen, Fußübergängen oder Straßenkreuzungen treten statistisch deutlich mehr Verzögerungsvorgänge auf. Der Abbremsvorgang bei Fahrtende darf der Vollständigkeit halber nicht fehlen, macht jedoch einen sehr geringen Anteil aller Verzögerungen in den Stand aus.

Die beiden Verzögerungsarten können ebenfalls bzgl. ihres Verlaufes in vier charakteristische Bereiche unterteilt werden und sind in Anhang A2.4 eingehend erläutert. Jeder Verzögerungsvorgang zeichnet sich dabei durch einen zügigen Verzögerungsaufbau, das Halten einer nahezu konstanten Verzögerung, einem nachfolgenden schnellen Verzögerungsaufbau bis zu einem Minimum und anschließende Beendigung des Verzögerungsvorgangs aus. Darauf basierend kann der typische Signalverlauf qualitativ dargestellt werden (siehe Abbildung 4.10). Diesen gilt es mittels des SAA möglichst realistisch nachzubilden, sodass eine realistische Bewegungssimulation gewährleistet werden kann.

Zusammenfassung der Verläufe

Bei der fahrdynamischen Betrachtung der Probandenstudie können hauptsächlich drei unterschiedliche Szenarien beobachtet werden: Die Normalfahrt, Beschleunigungs- und Verzögerungsbewegung. Im Fahrsimulator stellt es sich aufgrund der Arbeitsraumbeschränkung als eine Herausforderung dar, betragsmäßig große Beschleunigungen zu fahren. Deswegen werden die beiden Sze-

Zeitverlauf

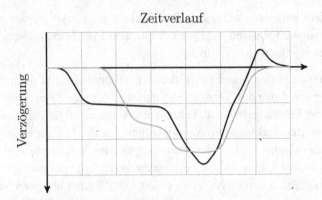

Abbildung 4.10: Qualitativer Verlauf von Längsverzögerungsverläufen in den Stand (—) und in die Fahrt (—) (nach [65])

narien Beschleunigung und Verzögerung k = {B, V} wiederum in drei Kategorien aufgeteilt, welche die Ausprägung und Stärke der Verläufe mittels drei Schwellwerten S_{k_i} mit $i = \{1, 2, 3\}$ beschreiben. Weiterhin kann zwischen Beschleunigungen aus der Fahrt und aus dem Stand unterschieden werden. Bei Verzögerungsvorgängen kann dagegen zwischen Verzögerungen in die Fahrt oder in den Stand unterschieden werden. Die gesamte Aufteilung ist bereits übersichtlich in Abbildung 4.2 dargestellt worden.

Alle 2499 untersuchten Beschleunigungs- und Verzögerungsvorgänge sind bezüglich ihrer Häufigkeit und Standardnormalverteilung in Abbildung 4.11 dargestellt. Dabei wird die Normalfahrt (schraffierter Bereich zwischen $-1\,m/s^2$ bis $1\,m/s^2$) bewusst ausgelassen, um ausschließlich die Verteilung der Beschleunigungs- und Verzögerungsvorgänge bewerten zu können.

Wird die Fahrzeugbeschleunigung $\ddot{x}_{Fzg}$ als stetige Zufallsvariable angenommen, resultiert die Wahrscheinlichkeitsdichte

$$f\left(\ddot{x}_{Fzg} \mid \mu, \sigma^2\right) = \frac{1}{\sqrt{2\pi\sigma^2}} e^{-\frac{\left(\ddot{x}_{Fzg}-\mu\right)^2}{2\sigma^2}}, \quad -\infty < \ddot{x}_{Fzg} < \infty \qquad \text{Gl. 4.3}$$

mit μ als Erwartungswert und σ^2 als Varianz der Funktion, wobei allgemein $-\infty < \mu < \infty$ und $\sigma^2 > 0$ gilt. Da es sich hier um eine Standardnormalvertei-

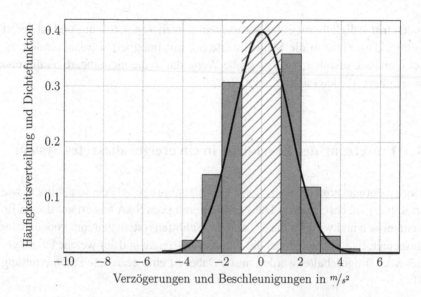

Abbildung 4.11: Standardnormalverteilung aller 2499 Beschleunigungs-
($\geq 1\,m/s^2$) und Verzögerungsvorgänge ($\leq -1\,m/s^2$) mit den
auftretenden Häufigkeiten (■) und der sich daraus ergeben-
den Dichtefunktion $\varphi\left(\ddot{x}_{\text{Fzg}}\right)$ (—). Auftretende Normalfahrten bleiben unberücksichtigt (schraffierter Bereich).

lung handelt, vereinfacht sich die Dichtefunktion mit den Parametern $\mu = 0$
und $\sigma^2 = 1$ zu

$$\varphi\left(\ddot{x}_{\text{Fzg}}\right) = \frac{1}{\sqrt{2\pi}}e^{-\frac{1}{2}\ddot{x}_{\text{Fzg}}^2}, \quad -\infty < \ddot{x}_{\text{Fzg}} < \infty \qquad \text{Gl. 4.4}$$

und ist in Abbildung 4.11 eingezeichnet. Werden die Beschleunigungs- und
Verzögerungsverläufe in den Streuintervallen auf ihre Auftrittswahrscheinlich-
keit untersucht, wird ersichtlich, dass alle Beschleunigungen bzw. Verzögerungen mit den Schwellwerten S_{k_i} mit $i = \{1,2,3\}$ im Intervall $\mu \pm 2\sigma$ und somit mit einer Häufigkeit von 95,4 % auftreten. Außerdem ist ersichtlich, dass
sich alle Beschleunigungs- und Verzögerungsvorgänge hauptsächlich in den
klassifizierten Bereichen der definierten Schwellwerte befinden. Demnach gilt
es, den SAA auf genau diese Beschleunigungs- und Verzögerungsbereiche zu
optimieren. Das Auftreten von betragsmäßig größeren Beschleunigungsampli-

tuden tritt lediglich mit einer Wahrscheinlichkeit von $4,6\%$ auf und ist derart gering, dass diese in die Schwellwerte S_{k_3} mit integriert werden können. Es sei hier noch erwähnt, dass zu große Werte durch die nichtlineare Skalierung ausgefiltert werden (siehe Kapitel 2.3.2).

4.3 Umsetzung der Ergebnisse in ein ereignisdiskretes System

Der zu entwickelnde SAA soll die Beschleunigungsverläufe so abbilden, wie in Kapitel 4.2 beschrieben. Die Parametrierung des SAA basiert auf diesen Erkenntnissen und wird für die TC und das Schlittensystem getrennt voneinander ausgelegt. Es stellt sich dabei die Frage, wann genau und auf welche Parameter der SAA umgeschaltet werden muss. Dabei ist eine geeignete Parametrierung aller

1. Ereignisse $\tilde{E}$ und

2. Transaktionen $\tilde{T}$

der ereignisdiskreten adaptiven Filter zu bestimmen. Das Symbol der Tilde bezieht sich im Folgenden auf das ereignisdiskrete System. Die Ereignisse $\tilde{E}$ repräsentieren die unterschiedlichen Fahrmodi und beinhalten die Filterkoeffizienten für die TC und das Schlittensystem. Die Transaktionen $\tilde{T}$ beschreiben die flachheitsbasierte Umschaltung zwischen den einzelnen Ereignissen und definieren die Umschaltbedingungen. Damit die Transaktionen zwischen den Ereignissen geeignet umschalten, reicht es jedoch nicht aus, lediglich die aktuelle Fahrzeugbeschleunigung $\ddot{x}_{Fzg}$ mit einzubeziehen. Damit definiert werden kann, in welchem Modus sich das Fahrzeug befindet, müssen noch andere fahrdynamische Eigenschaften berücksichtigt werden. Dabei ist bei der Auslegung darauf zu achten, dass nur die wirklich notwendigen Signale für die Bedingungen verwendet werden. Andernfalls nimmt die Fehlerrate mit wachsender Komplexität zu.

Bei genauerer Untersuchung wird ersichtlich, dass für aussagekräftige Transaktionsbedingungen nicht nur die Beschleunigung $\ddot{x}_{Fzg}$ sondern zusätzlich auch der Fahrzeugruck $\dddot{x}_{Fzg}$ und die Ruckänderung $\ddddot{x}_{Fzg}$ von Bedeutung sind. Mit diesen drei dynamischen Bewegungszuständen eines Kraftfahrzeuges können nicht nur die Modi eindeutig bestimmt werden, sondern auch Aussagen über das Verhalten des Beschleunigungsverlaufs getroffen werden. Damit möglichst alle unterschiedlichen Beschleunigungs-, Normalfahrt- und Verzögerungsverläufe berücksichtigt werden und somit alle Bedingungen der Transaktionen bestimmt werden können, wird für die Untersuchung eine reale Versuchsfahrt im Fahrsimulator durchgeführt. Dabei wurde darauf geachtet, dass die Versuchsstrecke alle gängigen Straßenverläufe und Geschwindigkeitsbegrenzungen beinhaltet und somit alle beschleunigungsrelevanten Fahrmodi abdeckt. Der Verlauf der Versuchsstrecke ist in Abbildung 4.12 zu sehen.

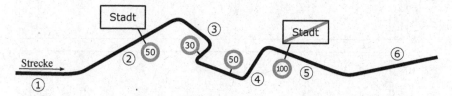

Abbildung 4.12: Verlauf der Versuchsstrecke im außerörtlichen und urbanen Bereich mit dazugehörigen Geschwindigkeitsbegrenzungen und sechs unterschiedlichen Bewegungszuständen

Zu Beginn und Abschluss beinhaltet die Strecke eine Überlandfahrt, auf welcher Geschwindigkeiten von 100 km/h gefahren werden können. Dazwischen durchläuft die Strecke einen urbanen Bereich inklusive verkehrsberuhigter Zone, welche durch größere Straßenkrümmungen und zusätzliche Geschwindigkeitsbegrenzungen von 50 km/h als auch 30 km/h gekennzeichnet ist. Somit sind die gewünschten Vorgänge der Fahrzeugbeschleunigung und -verzögerung gegeben. Der fahrdynamische Verlauf des Fahrzeugs ist in Abbildung 4.13 als Geschwindigkeits-Beschleunigungs-Ruck-Verlauf dargestellt.

Die Beschleunigungssignale werden zuvor mittels eines Tiefpasses 2. Ordnung

$$G_{\mathrm{TP},\ddot{x}_{\mathrm{Fzg}}} = \frac{k_{\mathrm{TP},\ddot{x}_{\mathrm{Fzg}}}\, \omega^2_{\mathrm{TP},\ddot{x}_{\mathrm{Fzg}}}}{s^2 + 2D_{\mathrm{TP},\ddot{x}_{\mathrm{Fzg}}}\, \omega_{\mathrm{TP},\ddot{x}_{\mathrm{Fzg}}}\, s + \omega^2_{\mathrm{TP},\ddot{x}_{\mathrm{Fzg}}}} \qquad \text{Gl. 4.5}$$

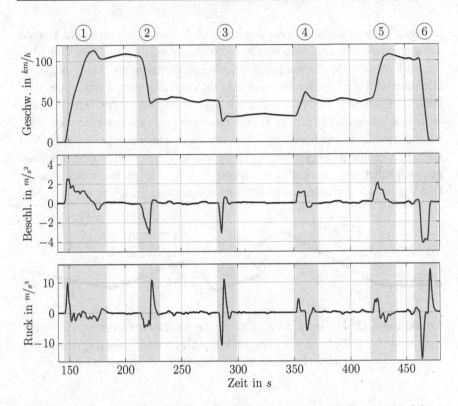

Abbildung 4.13: Geschwindigkeits-, Beschleunigungs- und Ruckverlauf der Versuchsfahrt inklusive sechs verschiedener fahrdynamischer Szenarien ① bis ⑥

und die Ruck- und Ruckänderungssignale zusätzlich mittels eines Tiefpasses 1. Ordnung

$$G_{TP,\dddot{x}_{Fzg}} = \frac{k_{TP,\dddot{x}_{Fzg}} \, \omega_{TP,\dddot{x}_{Fzg}}}{s + \omega_{TP,\dddot{x}_{Fzg}}} \qquad \text{Gl. 4.6}$$

vorgefiltert. Die Parameter sind in Anhang A.3 erwähnt. Dies ist notwendig, um nicht nur die hochfrequenten Fahrzeugsignale aus der Fahrdynamiksimulation herauszufiltern, sondern auch die Eigenfrequenzbewegung des Simulators zu vermeiden. Die Ruckänderung ergibt sich direkt aus der direkten Ableitung des Fahrzeugrucks nach der Zeit und wird nicht gefiltert. Damit sind die Signale nun bestmöglich für den SAA aufbereitet.

Den sechs Abschnitten ① bis ⑥ werden folgende Beschleunigungs- bzw. Verzögerungsvorgänge zugewiesen:

① Beschleunigungsvorgang aus dem Stand (0 km/h auf 110 km/h)

② Verzögerungsvorgang in die Fahrt (110 km/h auf 50 km/h)

③ Verzögerungsvorgang in die Fahrt (50 km/h auf 30 km/h)

④ Beschleunigungsvorgang aus der Fahrt (30 km/h auf 50 km/h)

⑤ Beschleunigungsvorgang aus der Fahrt (50 km/h auf 100 km/h)

⑥ Verzögerungsvorgang in den Stand (100 km/h auf 0 km/h)

Alle sich dazwischen befindenden Bewegungen sind der Normalfahrt zuzuordnen und bewegen sich im Bereich von

$$-0,25\,m/s^2 < \ddot{x}_{\mathrm{Fzg}} < 0,25\,m/s^2 \quad \text{und} \quad -1\,m/s^3 < \dddot{x}_{\mathrm{Fzg}} < 1\,m/s^3.$$

Damit sind alle wichtigen fahrdynamischen Verläufe einer durchschnittlichen Autofahrt abgedeckt. Die oben erläuterten Erkenntnisse werden in Kapitel 4.3.2 auf die TC und in Kapitel 4.3.3 auf das Schlittensystem angewendet.

4.3.1 Adaptive flachheitsbasierte Umschaltung der Filterkoeffizienten

Bei der Umschaltung der einzelnen Ereignisse ergibt sich die wichtige Frage, auf welche Art und Weise die Zustände der Filter umgeschaltet werden sollen. Die eigentliche Einstellung der Modi geschieht dann durch Umschaltung der Filterparameter. Dies kann mittels unterschiedlichster Funktionen wie beispielsweise Sprung-, lineare oder nichtlineare Funktionen umgesetzt werden [43, 69]. Ein Problem ist dabei jedoch die Unstetigkeit der Umschaltungen, welche sich durch Sprünge im Signalverlauf bemerkbar machen. Diese Sprünge sind für den Fahrer jedoch als Rucke wahrnehmbar. Damit dieser im Simulator jedoch ein realistisches Fahrerlebnis erfahren kann, müssen spürbare Rucke und ähnliche Artefakte unbedingt vermieden werden.

Um Signale möglichst ruckfrei umzuschalten, haben sich in den letzten Jahrzehnten flache Systeme durchgesetzt. Die Hauptvorteile liegen in der Verbesserung der Dynamik und einer geringeren Regelarbeit der Stellglieder, sodass das zu regelnde System eine schonendere Fahrweise und größere Regelruhe erfährt [43, 123]. Die Filterkoeffizienten des adaptiven ereignisdiskreten Systems werden mittels nichtlinearer trigonometrischer Funktionen umgeschaltet. Für diese Sollwertänderungen eignen sich am besten zeitabhängige flache Cosinus-Terme

$$z^*_{i,j_0 j_1}(t) = z^*_{i,j_0} + \frac{z^*_{i,j_1} - z^*_{i,j_0}}{2}\left[1 - \cos\left(\frac{\pi t}{\Delta T_{i,j_0 j_1}}\right)\right] \quad \forall t \in \left[T_{i,j_0}, T_{i,j_1}\right]$$

$$\text{Gl. 4.7}$$

mit $i = \{TC, S\}$ für die TC und das Schlittensystem (S). Der Index $j = \{B, N, V\}$ bezeichnet die Filterparameter für den jeweiligen Modus Beschleunigung (B), Normalfahrt (N) und Verzögerung (V). z^*_{i,j_0} stellt den Startpunkt und z^*_{i,j_1} den Endpunkt dar. Die gewünschte Trajektorie $z^*_{i,j_0 j_1}(t)$ beschreibt den Wechsel von Start- zu Endpunkt für die drei Filterkoeffizienten Amplitudenverstärkung $k^*_{i,j}$, Dämpfungsterm $D^*_{i,j}$ und Frequenz $\omega^*_{i,j}$

$$z^*_{i,j}(t) = \{k^*_{i,j}(t), D^*_{i,j}(t), \omega^*_{i,j}(t)\} \in \mathbb{R} \qquad \text{Gl. 4.8}$$

für den jeweiligen Modus j, die zur Laufzeit adaptiv angepasst werden. In Abbildung 4.14 ist ein entsprechender Cosinus-Term abgebildet. Weiterhin ist noch die Wahl der geeigneten Umschaltdauer

$$\Delta T_{i,j_0 j_1} = T_{i,j_1} - T_{i,j_0} \qquad \text{Gl. 4.9}$$

zu treffen. Hierbei ist darauf zu achten, dass diese Zeitkonstante nicht zu lang ausgelegt wird, da der Beschleunigungs- oder Verzögerungsvorgang ansonsten beendet ist, bevor die Filterkoeffizienten auf den folgenden Modus eingestellt worden sind. Dies hätte ein unrealistisches Fahrgefühl zur Folge, da die charakteristischen Merkmale der Vorgänge an den Fahrer falsch weitergegeben werden. Dadurch könnte sich nicht nur ein unrealistisches Fahrgefühl ergeben, sondern auch Schwindelgefühle und die Simulatorkrankheit hervorgerufen werden. Dies muss bei der Wahl der geeigneten Umschaltdauer mit berücksichtigt werden. Andererseits darf die Umschaltdauer nicht zu kurz ausgelegt werden, da die Umschaltung somit einem Sprung gleichkommt und für den Fahrer als Ruck wahrgenommen wird. Genau dies soll jedoch nach oben genannter Definition vermieden werden. Demnach ist die Umschaltdauer $\Delta T_{i,j_0 j_1}$

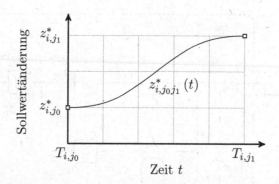

Abbildung 4.14: Flachheitsbasierter Cosinus-Verlauf der Umschaltung der adaptiven Filterkoeffizienten für alle Modi j bezüglich TC und Schlitten

geeignet auszulegen, sodass einerseits die Filterkoeffizienten zügig umgeschaltet werden. Andererseits soll vom Fahrer jedoch kein Umschalten der Filterkoeffizienten spürbar sein. Die Umschaltdauer wird separat für alle Modi der TC und des Schlittensystems ausgelegt.

4.3.2 Auslegung des Systems bezüglich Tilt-Coordination

Nachfolgend wird, basierend auf den gewonnenen Erkenntnissen, das adaptive ereignisdiskrete System der TC ausgelegt. Dabei ist folgendes zu berücksichtigen: Die TC bildet einen Teil der Fahrzeugbeschleunigung und -verzögerung durch Kippen des Hexapods ab. Dadurch werden statisch anliegende Kräfte auf das vestibuläre System des Fahrers übertragen, sodass dieser eine Art translatorische Beschleunigung erfährt. Diese soll vom Fahrer nicht als rotatorische Bewegung des Hexapods wahrgenommen werden. Dazu ist eine wichtige Hauptbedingungen zu erfüllen: Der Fahrer muss sich in einer abgeschlossenen Umgebung befinden und darf sich nicht an Fixpunkten, beispielsweise der Decke oder dem Boden, orientieren. Eine weitere Bedingung ist eine genau abgestimmte Kippbewegung des Hexapods. Aus der Flugsimulation kommend haben sich Limitierungen in der Rotationsrate durchgesetzt. Anderenfalls ist von dem Fahrer ein deutliches Kippen des Hexapods zu spüren, was tenden-

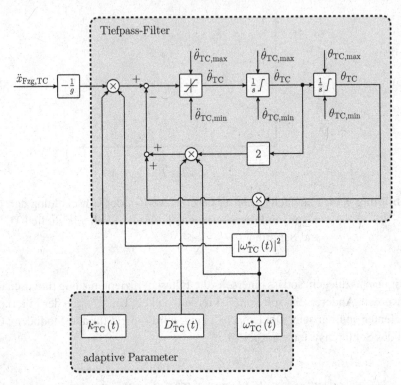

Abbildung 4.15: Adaptives Tiefpassfilter 2. Ordnung der zeitvarianten Tilt-
Coordination

ziell als unangenehm empfunden wird. Der Literatur entsprechend haben sich
deswegen entsprechende Kippraten von $3°/s$ etabliert [35].

Bei der Auslegung des ereignisdiskreten Systems der TC sollen genau diese
Merkmale berücksichtigt werden. Der erste Punkt ist durch den physikalischen
Aufbau des Hexapods gegeben, da sich der Fahrer in einem abgeschlossenen
Dom befindet. Das Hauptaugenmerk der vorliegenden Arbeit liegt auf der Verbesserung des zweiten Punktes und soll eine deutliche Umgestaltung im Gegensatz zu herkömmlichen Auslegungen bieten. Das Ziel ist hierbei eine starke
Verminderung der Kippbewegung und Kipprate des Hexapods, sodass eine realistischere Bewegungssimulation gewährleistet wird. Dadurch kann der Fahrer
die translatorischen Beschleunigungen und weniger die durch die Kippbewe-

gung simulierten Beschleunigungen verspüren. Dies bedeutet nach Kapitel 3, dass das Schlittensystem die verbleibenden Beschleunigungssignale abfahren muss. Bei der Auslegung gilt es jedoch zu beachten, dass das Zusammenspiel zwischen Hexapod und Schlitten nur so lange optimiert werden kann, bis das Schlittensystem an seine Grenzen stößt.

Die TC besteht aus einem Tiefpassfilter 2. Ordnung. Die Koeffizienten werden adaptiv mittels des ereignisdiskreten Systems umgeschaltet, sodass sich ein zeitvariantes System ergibt (siehe Abbildung 4.15). Immer wenn ein neuer Modus stattfindet, werden die Filterkoeffizienten adaptiv umgeschaltet. Das Filter wird als zeitvariantes System in Zustandsraumdarstellung implementiert und hat die Form

$$\dot{\mathbf{x}}_{TC} = \mathbf{A}_{TC}(t)\,\mathbf{x}_{TC} + \mathbf{B}_{TC}(t)\,u_{TC}, \quad \mathbf{x}_{TC}(0) = \mathbf{x}_{TC,0}$$
$$\mathbf{y}_{TC} = \mathbf{C}_{TC}(t)\,\mathbf{x}_{TC} + \mathbf{D}_{TC}(t)\,u_{TC}$$

Gl. 4.10

mit dem Zustand

$$\mathbf{x}_{TC} = \begin{bmatrix} \theta_{TC}, & \dot{\theta}_{TC} \end{bmatrix}^{T} \in \mathbb{R}^{2},$$

dem Anfangszustand

$$\mathbf{x}_{TC,0} = \begin{bmatrix} 0, & 0 \end{bmatrix}^{T} \in \mathbb{R}^{2}$$

und den Systemmatrizen

$$\mathbf{A}_{TC}(t) = \begin{bmatrix} 0 & 1 \\ -\omega_{TC}^{*\,2}(t) & -2D_{TC}^{*}(t)\,\omega_{TC}^{*}(t) \end{bmatrix} \in \mathbb{R}^{2 \times 2},$$

$$\mathbf{B}_{TC}(t) = \begin{bmatrix} 0 \\ k_{TC}^{*}(t)\,\omega_{TC}^{*\,2}(t) \end{bmatrix} \in \mathbb{R}^{2},$$

$$\mathbf{C}_{TC}(t) = \begin{bmatrix} 1 & 0 \\ 0 & 1 \\ -\omega_{TC}^{*\,2}(t) & -2D_{TC}^{*}(t)\,\omega_{TC}^{*}(t) \end{bmatrix} \in \mathbb{R}^{3 \times 2} \quad \text{und}$$

$$\mathbf{D}_{TC}(t) = \begin{bmatrix} 0 \\ 0 \\ k_{TC}^{*}(t)\,\omega_{TC}^{*\,2}(t) \end{bmatrix} \in \mathbb{R}^{3}.$$

Der Eingang u_{TC} des Systems wird über ein Kräftedreieck von der Fahrdynamik berechneten Fahrzeugbeschleunigung $\ddot{x}_{\text{Fzg}}$ und der Gravitationskonstante $g = 9,81\,m/s^2$ bestimmt und ergibt sich zu

$$u_{\text{TC}} = -\arcsin\left(\frac{\ddot{x}_{\text{Fzg,TC}}}{g}\right), \qquad \text{Gl. 4.11}$$

wobei eine detaillierte Herleitung in [35] zu finden ist. Für kleine Winkel kann dieses Verhältnis zu

$$u_{\text{TC}} = -\frac{1}{g}\ddot{x}_{\text{Fzg,TC}} \qquad \text{Gl. 4.12}$$

vereinfacht werden. Der Ausgang

$$\mathbf{y}_{\text{TC}} = \begin{bmatrix} \theta_{\text{TC}}, & \dot{\theta}_{\text{TC}}, & \ddot{\theta}_{\text{TC}} \end{bmatrix}^{\mathsf{T}} \in \mathbb{R}^3$$

beinhaltet alle kinematischen Stellgrößen des Hexapods, wie den Winkel θ_{TC}, die Winkelrate $\dot{\theta}_{\text{TC}}$ und die Änderung der Winkelrate $\ddot{\theta}_{\text{TC}}$. Damit für alle Zustandsgrößen eine übersichtliche Darstellung gewährleistet ist, wurde der Einfachheit halber auf die Abhängigkeit von der Zeit verzichtet.

Mit der Bedingung für die Filterkoeffizienten

$$\left(D^*_{\text{TC}}(t) > 0 \ \wedge \ \omega^*_{\text{TC}}(t) > 0\right) \ \vee \ \left(D^*_{\text{TC}}(t) < 0 \ \wedge \ \omega^*_{\text{TC}}(t) < 0\right) \in \mathcal{U}_{\text{TC}} \ \forall t$$

ist das System asymptotisch stabil und steuerbar für

$$\left(k^*_{\text{TC}}(t) \neq 0\right) \ \wedge \ \left(\omega^*_{\text{TC}}(t) \neq 0\right) \ \forall t.$$

Bei der Umschaltung ist darauf zu achten, dass sich die Filterparameter im definierten Stabilitätsraum $\mathcal{U}_{\text{TC}} \in \mathbb{R}$ aufhalten und diesen zu keiner Zeit verlassen. Die allgemeine Untersuchung linearer zeitvarianter Systeme auf deren Stabilität und Steuerbarkeit ist in Anhang A.4 erläutert.

Damit zu allen Zeiten die minimalen bzw. maximalen Stellgrößen für den Hexapod nicht überschritten werden, sind für alle Zustände zusätzlich die Signalbegrenzungen

$$\theta_{\text{TC,min}} = -\frac{\pi}{10}\,\text{rad} \ \leq \ \theta_{\text{TC}} \ \leq \ \theta_{\text{TC,max}} = \frac{\pi}{10}\,\text{rad} \qquad \text{Gl. 4.13a}$$

$$\dot{\theta}_{\text{TC,min}} = -\frac{\pi}{6}\frac{\text{rad}}{\text{s}} \ \leq \ \dot{\theta}_{\text{TC}} \ \leq \ \dot{\theta}_{\text{TC,max}} = \frac{\pi}{6}\frac{\text{rad}}{\text{s}} \qquad \text{Gl. 4.13b}$$

$$\ddot{\theta}_{\text{TC,min}} = -\frac{\pi}{2}\frac{\text{rad}}{\text{s}^2} \ \leq \ \ddot{\theta}_{\text{TC}} \ \leq \ \ddot{\theta}_{\text{TC,max}} = \frac{\pi}{2}\frac{\text{rad}}{\text{s}^2} \qquad \text{Gl. 4.13c}$$

zu integrieren, welche sich an den Werten aus Tabelle 1.1 orientieren.

Die TC hat einen entscheidenden Einfluss darauf, ob sich die Fahrt im Simulator für den Fahrer realistisch anfühlt oder nicht. Auch Übelkeit und Unwohlsein können durch das ständige Hin-und-her-Kippen ausgelöst werden. Bei der Auslegung des ereignisdiskreten Systems der TC ist daher besonders darauf zu achten, dass keine zu großen Bewegungen stattfinden. Das bedeutet, dass der Hexapod keine zu großen Winkel, Winkelgeschwindigkeiten und Winkelbeschleunigungen fahren soll. Subjektive Tests im Fahrsimulator haben ergeben, dass vom Hexapod realistische Beschleunigungen dargestellt werden, wenn sich der Kippwinkel innerhalb $\pm 8\,°$, die Winkelrate innerhalb $\pm 9\,°/s$ und die Winkelbeschleunigung innerhalb $\pm 29\,°/s^2$ befindet. Diese Schwellwerte befinden sich deutlich unterhalb der maximal möglichen Werte des Hexapods aus Tabelle 1.1 und Gl. 4.13. Die Parameter werden entsprechend so ausgelegt, dass diese Grenzen eingehalten werden. Insbesondere die wichtige Winkelrate bestätigt den in der Literatur vorgeschlagenen Wertebereich von $3 - 15\,°/s$ [35].

Da die TC statische Beschleunigungen durch Kippen des Hexapods simuliert, können Beschleunigungsänderungen, die sich als Rotation auswirken, vom Fahrer erkannt und als unangenehm empfunden werden. Deswegen sind, im Gegensatz zum Schlittensystem, ständige Umschaltungen der Filterparameter aus Gl. 4.8 unerwünscht. Darin liegt auch die Tatsache begründet, dass bei der Auslegung des ereignisdiskreten Systems für die TC auf den Modus Normalfahrt als separates Ereignis verzichtet wird. Die Charakteristik der Normalfahrt wird in das Ereignis Beschleunigung mit integriert, damit nicht zu viele Umschaltungen stattfinden. Dies ist zudem der Grund, weswegen bei der Auslegung auch auf die oben genannten Beschleunigungs- und Verzögerungsschwellen verzichtet werden kann. Stattdessen wird eine nichtlineare Funktion

$$z_{TC} = \begin{cases} 1, & \ddot{x}_{Fzg} \leq \ddot{x}_{Fzg,TC1} \\ \frac{1}{2}\left(1 - \cos\left(\pi \frac{|\ddot{x}_{Fzg}| - |\ddot{x}_{Fzg,TC2}|}{|\ddot{x}_{Fzg,TC1}| - |\ddot{x}_{Fzg,TC2}|}\right)\right), & \ddot{x}_{Fzg,TC1} < \ddot{x}_{Fzg} < \ddot{x}_{Fzg,TC2} \\ 0, & \ddot{x}_{Fzg,TC2} \leq \ddot{x}_{Fzg} \leq \ddot{x}_{Fzg,TC3} \\ \frac{1}{2}\left(1 - \cos\left(\pi \frac{\ddot{x}_{Fzg} - \ddot{x}_{Fzg,TC3}}{\ddot{x}_{Fzg,TC4} - \ddot{x}_{Fzg,TC3}}\right)\right), & \ddot{x}_{Fzg,TC3} < \ddot{x}_{Fzg} < \ddot{x}_{Fzg,TC4} \\ 1, & \ddot{x}_{Fzg} \geq \ddot{x}_{Fzg,TC4} \end{cases}$$

Gl. 4.14

mit den konstanten Werten $\ddot{x}_{\text{Fzg,TC}i} = \text{konst.}$ mit $i = \{1,2,3,4\}$ und der Transformation

$$\ddot{x}_{\text{Fzg,TC}} = z_{\text{TC}} \cdot \ddot{x}_{\text{Fzg}} \qquad\qquad \text{Gl. 4.15}$$

implementiert, welche den Einfluss der Verkippung in einem bestimmten Beschleunigungsbereich steuern kann (siehe Abbildung 4.16). Insbesondere der Amplituden- und der gewünschte Phasengang können dadurch beeinflusst werden, sodass eine Ruhestellung des Hexapods für niedrige Beschleunigungswerte gewährleistet ist.

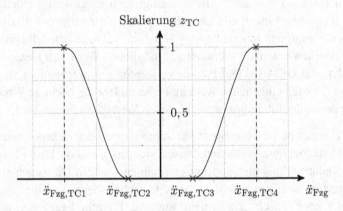

Abbildung 4.16: Nichtlineare Funktion zur Ruhestellung des Hexapods für niedrige Beschleunigungswerte

Der adaptiven Filterung der TC sollen keine zu hohen Amplitudenwerte übermittelt werden. Um diese Bedingung noch genauer zu erfüllen, wird die lineare Funktion

$$z_{\theta_{\text{TC}}} = \begin{cases} 0, & \hat{\theta}_{\text{TC}} \leq -60° \\ 0{,}02 \cdot \hat{\theta}_{\text{TC}} + \frac{6}{5}, & -60° < \hat{\theta}_{\text{TC}} < -10° \\ 1, & -10° \leq \hat{\theta}_{\text{TC}} \leq 10° \\ -0{,}02 \cdot \hat{\theta}_{\text{TC}} + \frac{6}{5}, & 10° < \hat{\theta}_{\text{TC}} < 60° \\ 0, & \hat{\theta}_{\text{TC}} \geq 60° \end{cases} \qquad \text{Gl. 4.16}$$

mit

$$\hat{\theta}_{\text{TC, filt}} = z_{\theta_{\text{TC}}} \cdot \hat{\theta}_{\text{TC}}, \quad \hat{\theta}_{\text{TC}} \in [-60°, 60°] \in \mathbb{R} \qquad \text{Gl. 4.17}$$

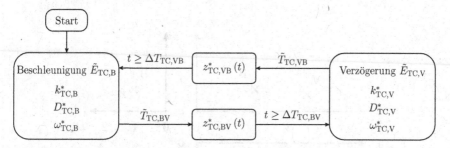

Abbildung 4.17: Ereignisdiskretes System der Tilt-Coordination mit den Fahrmodi Beschleunigung $\tilde{E}_{TC,B}$ und Verzögerung $\tilde{E}_{TC,V}$ und der adaptiven Umschaltung $z^*_{TC,j_0 j_1}(t)$

dazwischengeschaltet. Die Funktion ist so ausgelegt, dass ankommende Signale von $30°$ den maximal zulässigen Wert $\theta_{TC,max} = 18°$ der TC aus Tabelle 1.1 nicht überschreiten. Dadurch kann das adaptive Filter noch genauer ausgelegt werden. Die Auslegung wird der Einfachheit halber in Grad durchgeführt, sodass das Signal dementsprechend zu $\hat{\theta}_{TC}$ transformiert und nach der Filterung wieder zurücktransformiert werden muss.

Das ereignisdiskrete System der TC besteht aus den beiden Ereignissen Beschleunigung $\tilde{E}_{TC,B}$ und Verzögerung $\tilde{E}_{TC,V}$ und der dazwischengeschalteten Umschaltung $z^*_{TC,j_0 j_1}$ aus Gl. 4.7 mit den Transaktionen $\tilde{T}_{TC,j_0 j_1}$. Beide Ereignisse werden entsprechend oben genannten Bedingungen ausgelegt. Das Anfangsereignis einer Simulatorfahrt ist der Modus Beschleunigung $\tilde{E}_{TC,B}$, da das Fahrzeug zu Beginn beschleunigen muss, um eine Geschwindigkeit aufbauen zu können. Das ereignisdiskrete System der TC ist in Abbildung 4.17 zu sehen und wird im Anhang A7.1 aus Sicht der Automatentheorie eingehend beschrieben.

Auslegung der adaptiven Filterparameter

Bei der Auslegung muss darauf geachtet werden, dass das Filter für Verzögerungsvorgänge deutlich höherfrequent als für Beschleunigungsvorgänge ausgelegt wird. Dies kann hauptsächlich durch den Parameter ω^*_{TC} eingestellt werden. Auch treten bei Verzögerungen im Durchschnitt deutlich größere Ampli-

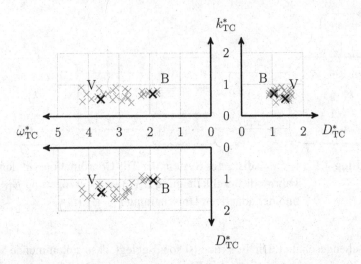

Abbildung 4.18: Verteilung der Filterkoeffizienten als Punktewolke für die Modi Beschleunigung B und Verzögerung V mit $\times$ als möglichen und $\ast$ als optimalen Parametern

tuden k^*_{TC} auf als bei Beschleunigungen. Dies gilt insbesondere für Verzögerungen in den Stand aber auch für stärkere Verzögerungsvorgänge in die Fahrt. Typische Vorgänge sind beispielsweise das Abbremsen vor Einfahrt in Ortschaften oder vor Kurven mit größeren Krümmungswerten. Der Dämpfungsterm D^*_{TC} beschreibt, mit welcher Charakteristik die TC den Hexapod wieder zurück in dessen Ursprungslage bewegt. Dabei ist darauf zu achten, dass der Hexapod für Fahrten in den Stillstand kein Überschwingverhalten aufweist.

Die Filterparameter werden jeweils getrennt voneinander für Beschleunigungs- und Verzögerungsvorgänge ausgelegt. Den Parametern aus Gl. 4.8 werden unterschiedlichste Werte übergeben und im Fahrsimulator implementiert. Eine übersichtliche Darstellung bezüglich optimaler und möglicher Parameter ist in Abbildung 4.18 zu sehen. Danach ist das Filter subjektiv auf sein Fahrgefühl zu untersuchen und die einzelnen Parameter sind schrittweise zu optimieren. Eine detaillierte Beschreibung der Auslegung der Filterkoeffizienten unter der Berücksichtigung der oben genannten Bedingungen ist in Anhang A.5 gegeben.

Auslegung der Transaktionen

Sind bestimmte fahrdynamische Kriterien erfüllt, wird zwischen den einzelnen Ereignissen umgeschaltet. Diese Kriterien sind Bestandteil der Transaktionen $\tilde{T}_{TC,j_0j_1}$ und bestehen aus der Fahrzeugbeschleunigung $\ddot{x}_{Fzg}$, dem Fahrzeugruck $\dddot{x}_{Fzg}$ und der Ruckänderung $\ddddot{x}_{Fzg}$ der Fahrdynamiksimulation. Eine genaue Beschreibung bezüglich der Auslegung und Parameterfindung aller Transaktionen ist detailliert in Anhang A.5 beschrieben.

4.3.3 Auslegung des Systems bezüglich Schlittensystem

Im Nachfolgenden wird nun das Schlittensystem des Fahrsimulators detailliert ausgelegt. Der Schlitten soll alle verbleibenden Beschleunigungen der Fahrdynamiksimulation abfahren, welche nicht durch die TC abgebildet werden. Er hat im Gegensatz zur TC die Aufgabe, nicht nur niederfrequente sondern auch höherfrequente Signalanregungen realistisch abzubilden. Damit sind insbesondere Beschleunigungsänderungen mit eingeschlossen, welche vor allem bei schnellen Beschleunigungs- oder starken Verzögerungsvorgängen auftreten. Das Schlittensystem bildet alle Beschleunigungen rein translatorisch ab und ist somit eine gute Ergänzung der TC, welche Beschleunigungen lediglich rotatorisch abbilden kann.

Insbesondere soll die unmittelbar erste Wahrnehmung eines Beschleunigungsaufbaus direkt an den Fahrer übertragen werden. Damit diese Signale zügig am Schlitten anliegen, wird der adaptive PD-Regler

$$\dot{y}_{S,PD}(t) + \frac{1}{T_P(t)} y_{S,PD}(t) = K_P \left(1 + \frac{T_V}{T_P(t)} \right) \dot{u}_{S,PD}(t) + \frac{K_P}{T_P(t)} u_{S,PD}(t)$$

Gl. 4.18

dazwischengeschaltet, wobei $T_P(t) \in [T_{P,B}, T_{P,V}] \in \mathbb{R}$ der trigonometrischen flachheitsbasierten Funktion aus Gl. 4.7 entspricht. Der Eingang $u_{S,PD}(t)$ stellt die verbleibenden Beschleunigungssignale für den Schlitten (siehe Gl. 3.2) dar. Der Ausgang $y_{S,PD}(t)$ wird an das adaptive Hochpassfilter des Schlittens weitergeleitet. Der adaptive PD-Regler passt sich für auftretende Beschleunigungs- bzw. Verzögerungsvorgänge entsprechend innerhalb der Zeiten T_{BV} und T_{VB}

an, wobei auf die Betrachtung der einzelnen Wahrnehmungsschwellen verzichtet werden kann. Die Parameter sind in Anhang A.8 erläutert.

Zuerst wird das Filter des Schlittensystems beschrieben und anschließend das ereignisdiskrete System ausgelegt. Eine optimale Beschreibung des Schlittens wäre eine Auslegung als einfache Integratorkette zweiter Ordnung. Dadurch könnten alle verbleibenden Signale direkt an den Schlitten übertragen werden und die gesamte Beschleunigung der Fahrdynamiksimulation abgebildet werden. Leider ist dies nicht so einfach möglich, da bei dieser Vorgehensweise nicht genug Verfahrweg zur Verfügung steht. Somit muss die Integratorkette zu einem Hochpass erweitert werden. Das Schlittensystem wird als Hochpassfilter 2. Ordnung derart ausgelegt, dass der Schlitten zu allen Zeiten innerhalb seines Arbeitsbereiches verfährt. Die Filterkoeffizienten werden ebenfalls adaptiv umgeschaltet, sodass sich ein zeitvariantes System ergibt und als ereignisdiskretes System implementiert wird. Auch hier werden die Filterkoeffizienten bei einem Wechsel der Modi gemäß Gl. 4.7 flachheitsbasiert eingestellt.

Das Hochpassfilter wird für den SAA in Zustandsraumdarstellung implementiert (siehe Abbildung 4.19) und hat die Form

$$\dot{\mathbf{x}}_S = \mathbf{A}_S(t)\,\mathbf{x}_S + \mathbf{B}_S(t)\,u_S, \quad \mathbf{x}_S(0) = \mathbf{x}_{S,0}$$
$$\mathbf{y}_S = \mathbf{C}_S(t)\,\mathbf{x}_S + \mathbf{D}_S(t)\,u_S$$

Gl. 4.19

mit dem Zustand

$$\mathbf{x}_S = [x_S,\ \dot{x}_S]^T \in \mathbb{R}^2,$$

dem Anfangszustand

$$\mathbf{x}_{S,0} = [0,\ 0]^T \in \mathbb{R}^2$$

und den zeitvarianten Systemmatrizen

$$\mathbf{A}_S(t) = \begin{bmatrix} 0 & 1 \\ -\omega_S^{*2}(t) & -2D_S^*(t)\,\omega_S^*(t) \end{bmatrix} \in \mathbb{R}^{2\times2}, \quad \mathbf{B}_S(t) = \begin{bmatrix} 0 \\ k_S^*(t) \end{bmatrix} \in \mathbb{R}^2,$$

$$\mathbf{C}_S(t) = \begin{bmatrix} 1 & 0 \\ 0 & 1 \\ -\omega_S^{*2}(t) & -2D_S^*(t)\,\omega_S^*(t) \end{bmatrix} \in \mathbb{R}^{3\times2}, \quad \mathbf{D}_S(t) = \begin{bmatrix} 0 \\ 0 \\ k_S^*(t) \end{bmatrix} \in \mathbb{R}^3.$$

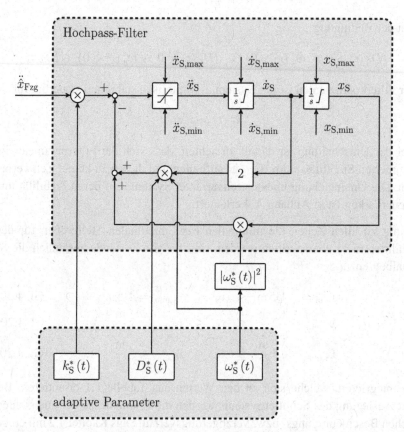

Abbildung 4.19: Adaptives Hochpassfilter 2. Ordnung des zeitvarianten Schlittensystems

Der Eingang $u_S = \ddot{\hat{x}}_{Fzg}$ des Systems wurde bereits in Kapitel 3 in Gl. 3.2 definiert. Zudem ist noch der erwähnte PD-Regler aus Gl. 4.18 dazwischengeschaltet. Der Ausgang

$$\mathbf{y}_S = [x_S, \; \dot{x}_S, \; \ddot{x}_S]^T \in \mathbb{R}^3$$

beinhaltet alle kinematischen Stellgrößen des Schlittens, wie den Verfahrweg x_S, die Geschwindigkeit $\dot{x}_S$ und die Beschleunigung $\ddot{x}_S$. Damit für alle Zustandsgrößen eine übersichtliche Darstellung gewährleistet ist, wird der Einfachheit halber auf die Abhängigkeit von der Zeit verzichtet.

Mit der Bedingung

$$(D_S^*(t) > 0 \,\wedge\, \omega_S^*(t) > 0) \;\vee\; (D_S^*(t) < 0 \,\wedge\, \omega_S^*(t) < 0) \,\in\, \mathcal{U}_S \;\forall t$$

der Filterkoeffizienten ist das System asymptotisch stabil und steuerbar für

$$k_S^*(t) \neq 0 \;\forall t.$$

Bei der Umschaltung ist darauf zu achten, dass sich die Filterparameter im definierten Stabilitätsraum $\mathcal{U}_S \in \mathbb{R}$ aufhalten und diesen zu keiner Zeit verlassen. Die Untersuchung linearer zeitvarianter Systeme auf deren Stabilität und Steuerbarkeit ist in Anhang A.4 erläutert.

Damit zu allen Zeiten die minimalen bzw. maximalen Stellgrößen für den Schlitten nicht überschritten werden, sind für alle Zustände zusätzlich die Signalbegrenzungen

$$x_{S,min} = -4,5\,\mathrm{m} \;\leq\; x_S \;\leq\; x_{S,max} = 4,5\,\mathrm{m} \qquad \text{Gl. 4.20a}$$

$$\dot{x}_{S,min} = -2\,\frac{\mathrm{m}}{\mathrm{s}} \;\leq\; \dot{x}_S \;\leq\; \dot{x}_{S,max} = 2\,\frac{\mathrm{m}}{\mathrm{s}} \qquad \text{Gl. 4.20b}$$

$$\ddot{x}_{S,min} = -5\,\frac{\mathrm{m}}{\mathrm{s}^2} \;\leq\; \ddot{x}_S \;\leq\; \ddot{x}_{S,max} = 5\,\frac{\mathrm{m}}{\mathrm{s}^2} \qquad \text{Gl. 4.20c}$$

zu integrieren, welche sich an den Werten aus Tabelle 1.1 orientieren. Bei der Auslegung des Schlittensystems werden die Erkenntnisse der unterschiedlichen Beschleunigungs- bzw. Verzögerungsverläufe aus Kapitel 4.2 mit einbezogen. In Abbildung 4.20 ist das ereignisdiskrete System des Schlittens übersichtlich dargestellt.

Berücksichtigung der Schwellwerte

Das ereignisdiskrete System enthält die Ereignisse Normalfahrt, Beschleunigung und Verzögerung. Dabei bezieht sich jedes Ereignis der Beschleunigung und der Verzögerung auf die bereits oben definierten Schwellwerte. Da diese bezüglich ihrer betragsmäßigen Größenordnung aufeinander aufbauen, erfolgt ein schrittweises Durchschalten. Dadurch ergibt sich der kaskadenartige Aufbau des ereignisdiskreten Systems aus Abbildung 4.20 und wird im Anhang A7.2 aus Sicht der Automatentheorie eingehend beschrieben.

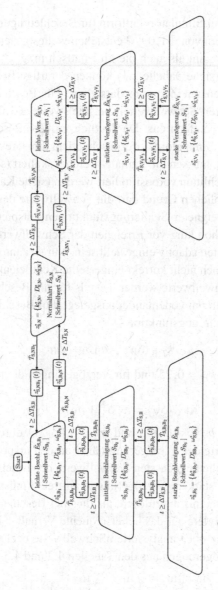

Abbildung 4.20: Ereignisdiskretes System des Schlittens mit den Fahrmodi Beschleunigung $\tilde{E}_{S,B_j}$ und Verzögerung $\tilde{E}_{S,V_j}$ für unterschiedliche Schwellwerte $j = \{1, 2, 3\}$ und der adaptiven Umschaltung

Für das Verfahren der Simulatorplattform für Beschleunigungsverläufe mit geringen Schwellwerten von $\pm 1,0\,m/s^2$ entstehen weitestgehend keine Probleme. Sowohl der Arbeitsraum als auch die kinematisch möglichen Beschleunigungen des Schlittens (siehe Tabelle 1.1) können derartige Beschleunigungswerte über einen begrenzten Zeitraum darstellen. Für Beschleunigungsverläufe mit deutlich größeren Schwellwerten beispielsweise $\pm 3,0\,m/s^2$, sieht das jedoch nicht mehr so einfach aus. Da deutlich größere Beschleunigungswerte anliegen, würde die Simulatorplattform schnell an ihre Grenzen stoßen. Damit dies nicht geschieht, müssen die Signale geeignet skaliert (siehe Kapitel 2.3.1) und der Simulatorschlitten vorpositioniert werden (siehe Kapitel 5). Dies stellt einen nicht unerheblichen Grund dar, die Schwellwerte des ereignisdiskreten Systems mittels geeigneter Skalierungsfunktionen entsprechend anzupassen. Weiterhin sollen schon kurz vor Erreichen der Schwellwerte die entsprechenden Filterkoeffizienten adaptiv eingestellt sein. Nur so kann ein unrealistisches Fahrgefühl durch noch nicht korrekt eingestellte Koeffizienten vermieden werden. Die neuen Schwellwerte werden jeweils für die Beschleunigung $\tilde{S}_B$ und Verzögerung $\tilde{S}_V$ getrennt voneinander ausgelegt. Für Beschleunigungen ergibt sich die lineare Skalierungsfunktion

$$k_{\hat{T},B}\,(S_B) = a_B\,S_B + b_B \qquad\qquad \text{Gl. 4.21}$$

mit $a_B = 0,05$ und $b_B = 0,25$ und für Verzögerungen die nichtlineare Skalierungsfunktion

$$k_{\hat{T},V}\,(S_V) = a_V\,S_V^2 + b_V\,S_V + c_V \qquad\qquad \text{Gl. 4.22}$$

mit $a_V = -0,035$, $b_V = -0,305$ und $c_V = 0,03$. Dadurch liegen die angepassten Schwellwerte der Verzögerung näher an den ursprünglich definierten Schwellwerten als die angepassten Schwellwerte der Beschleunigungssignale. Das bedeutet, dass stärkere Verzögerungen auftreten müssen, um das nächste Verzögerungs-Ereignis auszulösen, als dies bei Beschleunigungen der Fall ist. Dies ist insbesondere auf das höherfrequente Verhalten bei Verzögerungen zurückzuführen. Die oben analysierten Schwellwerte bezüglich der Beschleunigungen und Verzögerungen aus den Tabellen 4.2 und 4.3 werden zu

$$S = \left[1\,\frac{m}{s^2}\ \ 2\,\frac{m}{s^2}\ \ 3\,\frac{m}{s^2}\ \ -1\,\frac{m}{s^2}\ \ -2\,\frac{m}{s^2}\ \ -3\,\frac{m}{s^2}\right]^{T} \in \mathbb{R}^6 \qquad \text{Gl. 4.23}$$

zusammengefasst und mittels der Skalierungsfaktoren mit

$$\tilde{S} = \hat{T}_{\tilde{S}S}\,S \qquad\qquad \text{Gl. 4.24}$$

transformiert. Dabei befinden sich die Skalierungsfaktoren $k_{\hat{T},\mathrm{B}_i}$ und $k_{\hat{T},\mathrm{V}_i}$ mit $i = \{1,2,3\}$ auf der Diagonalen der Transformationsmatrix

$$\hat{T}_{\tilde{S}S} = \begin{bmatrix} 0,3 & 0 & \dots & \dots & \dots & 0 \\ 0 & 0,35 & \ddots & & & \vdots \\ \vdots & \ddots & 0,4 & \ddots & & \vdots \\ \vdots & & \ddots & 0,3 & \ddots & \vdots \\ \vdots & & & \ddots & 0,5 & 0 \\ 0 & \dots & \dots & \dots & 0 & 0,63 \end{bmatrix} \in \mathbb{R}^{6\times6}. \qquad \text{Gl. 4.25}$$

Damit ergeben sich die neuen Schwellwerte

$$\tilde{S} = \left[0,3\,\frac{m}{s^2}\ \ 0,7\,\frac{m}{s^2}\ \ 1,2\,\frac{m}{s^2}\ \ -0,3\,\frac{m}{s^2}\ \ -1,0\,\frac{m}{s^2}\ \ -1,9\,\frac{m}{s^2}\right]^{T} \in \mathbb{R}^6 \qquad \text{Gl. 4.26}$$

für das ereignisdiskrete System des Schlittens. Die Transformation ist insbesondere für die Transaktionen ausschlaggebend und muss für jedes Fahrdynamikmodell separat ausgelegt werden. Die hier erwähnten Werte entsprechen gehobenen Mittelklassefahrzeugen, welche vorwiegend im Stuttgarter Fahrsimulator zum Einsatz kommen.

Auslegung der adaptiven Filterparameter

Analog zur Auslegung der TC werden die Filterparameter des Schlittensystems getrennt voneinander für Normalfahrt-, Beschleunigungs- und Verzögerungsvorgänge ausgelegt. Den Parametern aus Gl. 4.8 werden dabei jeweils unterschiedlichste Werte übergeben und im Fahrsimulator implementiert. Wichtig ist dabei zu beachten, dass die Parameter keinen zu großen Abstand zum benachbarten Wert besitzen. Dadurch kann das adaptive Verhalten deutlich ruckfreier ausgeführt werden. Bei zügigen Umschaltungen können sich die Parameter so von einem Wert zum nächsten entlanghangeln. Abschließend wird das Filter subjektiv auf das sich ergebende Fahrgefühl untersucht und die einzelnen Parameter schrittweise optimiert. Die Verteilung der möglichen und optimalen Punkte ist übersichtlich in Abbildung 4.21 dargestellt. Alle Parameter werden gängigerweise für unterschiedliche Fahrdynamiksimulationen separat

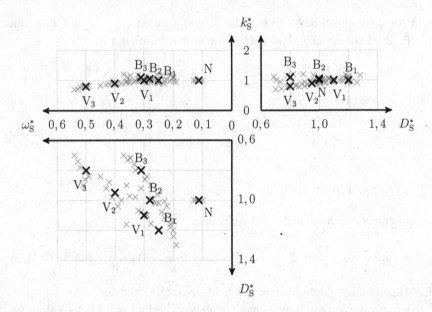

Abbildung 4.21: Verteilung der Filterkoeffizienten als Punktewolke für die Modi Normalfahrt N, Beschleunigungen B_1 bis B_3 und Verzögerungen V_1 bis V_3 mit × als möglichen und ✖ als optimalen Parametern

angepasst und befinden sich innerhalb der Punktewolke. In [95] wird der hier vorgestellte SAA beispielsweise um Automatikgetriebe-Applikationen erweitert und kann so Schaltrucke deutlich detaillierter darstellen, als der bisherig implementierte MCA aus [86]. Eine detaillierte Beschreibung der Auslegung der einzelnen Filterkoeffizienten findet sich in Anhang A.6, unter der Berücksichtigung der oben genannten Bedingungen.

Auslegung der Transaktionen

Um zwischen den einzelnen Ereignissen umschalten zu können, müssen bestimmte Kriterien der Fahrdynamik erfüllt sein. Diese sind in den Transaktionen $\tilde{T}_{S,j_0j_1}$ notiert und bestehen aus der Fahrzeugbeschleunigung $\ddot{x}_{Fzg}$ und dem

Fahrzeugruck $\dddot{x}_{Fzg}$. Im Gegensatz zur TC kann hierbei auf die Ruckänderung $\dddot{x}_{Fzg}$ verzichtet werden. Die Auslegung der Transaktionen basiert auf den hergeleiteten Schwellwerten $\tilde{S}$ aus Gl. 4.26. Die genaue Herleitung der einzelnen Werte für alle Transaktionsbedingungen ist in Anhang A.6 erläutert.

4.3.4 Gesamtsystem

Damit ist der SAA entworfen. Mit dieser Parametrierung weisen die Signale des SAA einen Verlauf wie bei den qualitativen Verläufen aus Abbildung 4.6 und 4.10 auf. Während der Simulatorfahrt sind für den Fahrer keine Rucke aufgrund der Umschaltung der Filterkoeffizienten spürbar. Dadurch kann eine realistische Fahrsimulation gewährleistet werden. Eine Gesamtübersicht des SAA inklusive der TC und des Schlittensystems ist in Abbildung 4.22 dargestellt.

Auch weist die TC keine zu großen Winkel und Winkeländerungen mehr auf, wie es sonst üblicherweise bei derartigen Fahrsimulatoren gegeben ist. Dadurch kann der Realitätsgrad für die wahrnehmbare Fahrt im Simulator erhöht werden, da deutlich geringere Rotationen des Hexapods stattfinden. Durch die oben erwähnte Auslegung kann insbesondere der Schlitten des Fahrsimulators große Verfahrwege aufweisen. Dies ist absolut gewollt, da somit der gesamte Arbeitsraum des Schlittensystems genutzt und entsprechende Beschleunigungen an den Fahrer übermittelt werden können. Jedoch würde der Schlitten mit seiner bisherigen Auslegung in seine Beschränkungen fahren. Um dies zu vermeiden, wird im folgenden Kapitel eine Vorsteuerung entworfen. Diese soll dazu beitragen, dass der Fahrsimulator zu allen Zeiten innerhalb seiner Arbeitsraumbeschränkung verfährt und somit eine für den Fahrer realistische Simulatorfahrt gewährleistet wird.

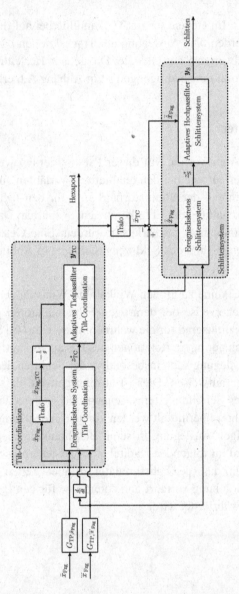

Abbildung 4.22: Gesamtsystem der ereignisdiskreten Steuerung des szenarie-nadaptiven Motion-Cueing-Algorithmus

5 Prädiktive flachheitsbasierte Vorsteuerung des Schlittensystems

Im vorausgegangenen Kapitel wurde der szenarienadaptive Motion-Cueing-Algorithmus (SAA) entworfen. Nachteiligerweise ist jedoch der Arbeitsraum des Fahrsimulators in seinen Ausmaßen beschränkt, sodass der bereits entwickelte Algorithmus ohne Vorsteuerung nicht zu seiner vollen Entfaltung kommen kann. Deswegen soll der Fahrsimulator, genauer genommen der Schlitten, entsprechend vorgesteuert werden. Es muss sichergestellt werden, dass dem Schlitten zu allen Zeiten genügend Platz zur Verfügung steht und die Stellsignale des SAA im Simulator vollständig umgesetzt werden können. Nur so können die Beschleunigungssignale des Schlittens zur vollen Geltung kommen und dem Fahrer ein realistisches Fahrgefühl vermitteln. Erste Untersuchungen dazu sind in [1] und erweiterte Darstellungen der Vorsteuerung am Stuttgarter Fahrsimulator in [78, 79] erläutert.

Es wird eine prädiktive Vorsteuerung entwickelt, welche die dafür benötigten Eingangssignale von der Bordsensorik des Fahrzeugs erhält. Die Bordsensorik des Mockups im Fahrsimulator kann jedoch keine realen Streckendaten aufnehmen, da sich das Fahrzeug in einer abgeschlossenen Umgebung - dem Dom - befindet. Deswegen wird die Bordsensorik simuliert, was mit Hilfe einer Umgebungs- und Sensorsimulation geschieht. Eine diesbezügliche Darstellung am Stuttgarter Fahrsimulator ist in Abbildung 5.1 zu sehen.

Unter der Umgebungssimulation ist insbesondere die Simulation von allgemeinen Karten- und Straßendaten inklusive graphischer Darstellung zu verstehen. Am Stuttgarter Fahrsimulator wird dazu das OpenDRIVE® Format eingesetzt, welches als offener Standard allgemein gültig ist [29, 30]. Darin ist die Struktur der Straßennetzwerke über eine festgelegte mathematische Beschreibung definiert. Diese wird wiederum in die ADAS-Simulation eingespeist. Dadurch ist eine Bestimmung des Fahrzeugzustandes in Relation zur Streckenbeschreibung gegeben. Um eine geeignete prädiktive Vorsteuerung zu entwerfen, sind diese Umgebungs- und Fahrzeugdaten von Nöten. Insbesondere die ADAS-

© Springer Fachmedien Wiesbaden GmbH, ein Teil von Springer Nature 2020
T. Miunske, *Ein szenarienadaptiver Bewegungsalgorithmus für die Längsbewegung eines vollbeweglichen Fahrsimulators*, Wissenschaftliche Reihe Fahrzeugtechnik Universität Stuttgart, https://doi.org/10.1007/978-3-658-30470-6_5

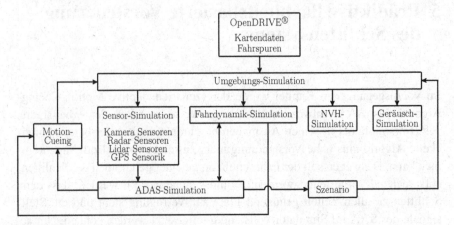

Abbildung 5.1: Umgebungs- und Sensorsimulation am Stuttgarter Fahrsimulator (nach [56])

Simulation ist für eine geeignete Vorsteuerung wichtig und wird im nachfolgenden Kapitel eingehender erläutert.

5.1 Streckenvorausschau mit ADAS

Die ADAS-Simulation (Advanced Driver Assistance System, deutsch Fahrerassistenzsystem) stellt dem Fahrzeug während der Fahrt wichtige Streckeninformationen zur Verfügung [13]. Während die Fahrzeugdaten von der Fahrdynamiksimulation kontinuierlich übertragen werden, liegen die Streckenattribute des ADAS in diskreter Form vor. Dies ist der Hauptgrund für eine ereignisdiskrete Auslegung der Vorsteuerung in der vorliegenden Arbeit.

Das ADAS überträgt unterschiedlichste Attribute, wie beispielsweise die Anzahl der Fahrspuren, Fahrspurbreiten, zulässige Geschwindigkeitsbegrenzungen, Straßenkreuzungen, Kurvenradien, Fußgängerüberwege, Signalanlagen, u.v.m. Jedes Attribut besteht aus drei unterschiedlichen Informationen: Der Attribut-Typ, die Entfernung zum nächsten Attribut (in cm) und die gültige Länge des nächsten Attributs (in cm). Dabei wird zuerst das aktuell gültige Attribut zum aktuellen Standpunkt übermittelt. Die dazugehörige Distanz wird als negative Zahl übertragen. Weiterhin können insgesamt (bis zu) 14 weitere Attribute übermittelt werden. Eine beispielhafte Darstellung für das Attribut Geschwindigkeitsbegrenzung (engl. speedlimit) mit den dazugehörigen drei Informationen des Typs $speedlimit_{i,value}$ (engl. value), der Entfernung $speedlimit_{i,distance}$ (engl. distance) und der Gültigkeit $speedlimit_{i,validity}$ (engl. validity) ist in Abbildung 5.2 für vier Attribute $i = 1, \ldots, 4$ dargestellt.

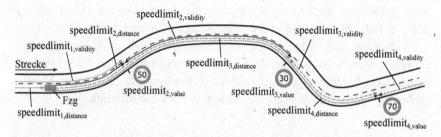

Abbildung 5.2: Attribut Geschwindigkeitsbegrenzung (engl. speedlimit) der ADAS-Simulation einer innerstädtischen Strecke

Für die Auslegung der Vorsteuerung werden jeweils die Attribute des nächstgültigen Ereignisses verwendet. Die Entfernung resultiert aus der Differenzbildung zwischen der Distanz des nächstliegenden Attributs und der aktuellen Fahrzeugposition. Es muss noch überprüft werden, ob für die Vorpositionierung in Abhängigkeit der Fahrzeuggeschwindigkeit genügen Zeit zur Verfügung steht. Ist dies nicht der Fall, wird die Vorpositionierung vernachlässigt und direkt das nächste Attribut ausgewertet. Anderenfalls wird der Schlitten rechtzeitig für das kommende Ereignis vorpositioniert. Die Überprüfung wird mit

$$s_{nA} \overset{!}{>} x_{Fzg,VS} + x_{Fzg,B} \qquad \text{Gl. 5.1}$$

durchgeführt, wobei s_{nA} die Wegdistanz zum nächsten Attribut (nA) darstellt. Der zurückgelegte Weg des Fahrzeuges während der Vorsteuerung wird durch $x_{Fzg,VS}$ dargestellt. Währenddessen fährt das Fahrzeug als gleichförmige Bewegung mit aktueller konstanter Geschwindigkeit weiter und legt dabei den Weg

$$x_{Fzg,VS} = \dot{x}_{Fzg} \cdot T_{VS} \qquad \text{Gl. 5.2}$$

zurück, wobei $\dot{x}_{\text{Fzg}} \in X_{\dot{x}_{\text{Fzg}}}$ die aktuelle Fahrzeuggeschwindigkeit und T_{VS} die benötigte Zeit für die Vorsteuerung von einem Ereignis zum nächsten darstellt. T_{VS} liegt zwischen $10,4$ s für einen Verfahrweg von 1 m und $32,8$ s für einen Verfahrweg von 10 m. Die Zeit wird über eine nichtlineare Funktion bestimmt und wird später detailliert in Gl. 5.33 erläutert und ist in Abbildung 5.5 dargestellt.

Der Weg, welchen das Fahrzeug für den Beschleunigungs- bzw. Verzögerungsvorgang benötigt, fließt durch $x_{\text{Fzg,B}}$ mit in die Berechnung ein. Dabei verdeutlicht der Index B nachfolgend den kinematischen Zustand der Beschleunigung des Fahrzeugs und inkludiert alle Beschleunigungs- als auch Verzögerungsvorgänge. Der zurückgelegte Weg für den Beschleunigungsvorgang wird als gleichmäßig beschleunigte bzw. verzögerte Bewegung angenommen. Die Beschleunigung wird als momentane Änderung der Geschwindigkeit

$$\dot{x}_{\text{Fzg,B}}(t) + \dot{x}_{\text{Fzg,B}}(0) = \int^{T_{\text{B}}} \ddot{x}_{\text{Fzg,B}}(t)\,dt \qquad \text{Gl. 5.3}$$

angegeben, sodass sich die benötigte Zeit für einen Beschleunigungsvorgang mit

$$T_{\text{B}} = \frac{|\Delta \dot{x}_{\text{Fzg,B}}|}{|\ddot{x}_{\text{Fzg,B}}|} \qquad \text{Gl. 5.4}$$

berechnet. Die Differenzgeschwindigkeit

$$\Delta \dot{x}_{\text{Fzg,B}} = \dot{x}_{\text{nA}} - 3,6\,\dot{x}_{\text{Fzg}} \in X_{\Delta \dot{x}_{\text{Fzg,B}}} \qquad \text{Gl. 5.5}$$

ist die benötigte Änderung der Geschwindigkeit in km/h von aktueller Fahrzeuggeschwindigkeit zur Sollgeschwindigkeit am nächsten Attribut $\dot{x}_{\text{nA}}$. Für positive Differenzgeschwindigkeiten ist ein Beschleunigungsvorgang $\ddot{x}_{\text{Fzg,B}}$ und für negative Differenzgeschwindigkeiten ein Verzögerungsvorgang zu erwarten. Je größer die betragsmäßige Differenz ist, desto größer ist auch der zu berücksichtigende Schwellwert. Es gilt dabei der Zusammenhang aus Tabelle 5.1.

Tabelle 5.1: Zusammenhang der Differenzgeschwindigkeiten und zu erwartenden Fahrzeugbeschleunigung in Abhängigkeit der Schwellwerte

Fahrzeuggeschwindigkeit	Schwellwert	$\ddot{x}_{\text{Fzg,B}}$
$\Delta \dot{x}_{\text{Fzg}} < 30\,\text{km/h}$	S_{B_1}	$1\,m/s^2$
$30\,\text{km/h} \leq \Delta \dot{x}_{\text{Fzg}} < 60\,\text{km/h}$	S_{B_2}	$2\,m/s^2$
$\Delta \dot{x}_{\text{Fzg}} \geq 60\,\text{km/h}$	S_{B_3}	$3\,m/s^2$
$\Delta \dot{x}_{\text{Fzg}} > -30\,\text{km/h}$	S_{V_1}	$-1\,m/s^2$
$-60\,\text{km/h} < \Delta \dot{x}_{\text{Fzg}} \leq -30\,\text{km/h}$	S_{V_2}	$-2\,m/s^2$
$\Delta \dot{x}_{\text{Fzg}} \leq -60\,\text{km/h}$	S_{V_3}	$-3\,m/s^2$

Der zurückgelegte Weg der gleichmäßig beschleunigten bzw. verzögerten Bewegung wird mit

$$x_{\text{Fzg,B}} = \frac{|\ddot{x}_{\text{Fzg,B}}|}{2}T_{\text{B}}^2 + \dot{x}_{\text{Fzg,B}}\,(0)\,T_{\text{B}} + x_{\text{Fzg,B}}\,(0) \in X_{x_{\text{Fzg,B}}} \qquad \text{Gl. 5.6}$$

bestimmt, wobei $x_{\text{Fzg,B}}\,(0)$ vernachlässigt werden kann.

Mit diesen Informationen kann nun der benötigte Gesamtweg berechnet werden. Ist dieser kleiner als die Entfernung zum nächsten Attribut, wird der Schlitten entsprechend vorpositioniert. Für die längsdynamische Vorpositionierung des Schlittensystems werden im Folgenden die beiden ADAS-Attribute Geschwindigkeitsbegrenzung (engl. speedlimit) und Radius (engl. radius) verwendet und detailliert beschrieben.

5.1.1 Bevorstehende Geschwindigkeitsbegrenzungen

Speedlimits (deutsch Geschwindigkeitsbegrenzungen) sind auf der gesamten Fahrstrecke implementiert und werden dem Fahrer in der Regel als Beschilderung angezeigt. Für Wegstrecken ohne Geschwindigkeitsbegrenzung nimmt das Attribut den Wert Null an. In allen anderen Fällen übermittelt das ADAS den entsprechenden Wert in km/h.

Das nächstliegende speedlimit-Attribut $\dot{x}_{sl}$ des ADAS wird ständig mit der aktuellen Fahrzeuggeschwindigkeit $\dot{x}_{Fzg}$ verglichen. Die Differenzgeschwindigkeit

$$\Delta \dot{x}_{Fzg,sl} = \dot{x}_{sl} - 3,6 \dot{x}_{Fzg} \in X_{\Delta \dot{x}_{Fzg,sl}} \qquad \text{Gl. 5.7}$$

wird dabei in km/h ausgewertet. Ist die Differenzgeschwindigkeit größer Null, so ist die Wahrscheinlichkeit sehr hoch, dass das Fahrzeug beschleunigen wird. Dementsprechend wird der Fahrsimulator nach hinten ($x_{S,VS} < 0\,\text{m}$) vorpositioniert. Ist die Differenzgeschwindigkeit hingegen kleiner Null, so ist ein Verzögerungsvorgang zu erwarten. Um diesen durchführen zu können, wird der Schlitten nach vorne ($x_{S,VS} > 0\,\text{m}$) vorpositioniert.

Die Vorsteuerung wird ereignisdiskret durchgeführt und ist abhängig von der betragsmäßigen Größe von $\Delta \dot{x}_{Fzg,sl}$. Bei der Auslegung werden die definierten Schwellwerte berücksichtigt. Dabei wird für große Differenzgeschwindigkeiten von $\Delta \dot{x}_{Fzg,sl} > 40\,\text{km/h}$ der Schlitten auf $\pm 3\,\text{m}$, wohingegen dieser für betragsmäßig kleine Werte von $10\,\text{km/h} < \Delta \dot{x}_{Fzg,sl} \leq 40\,\text{km/h}$ auf $\pm 2\,\text{m}$ vorpositioniert wird.

5.1.2 Krümmung des bevorstehenden Straßenverlaufs

Die ADAS-Simulation übermittelt als weiteres Attribut die Kurvenradien der Fahrstrecke. Um geeignetere und aussagekräftigere Aussagen zu dem Straßenverlauf treffen zu können, wird der jeweilige Radius einer Kurve mit

$$\kappa = \frac{1}{R} \qquad \text{Gl. 5.8}$$

zu einer Krümmungsfolge transformiert. Damit ergibt sich ein zusammenhängender Verlauf, da Streckenabschnitte, die als Geraden definiert sind, den Wert Null besitzen. Eine Straße besteht aus mehreren Geraden- und Kurven-Segmenten, die aneinander gereiht und als

Gerade - Klothoide - Kreis - Klothoide - Gerade

definiert sind. Der Übergang von einer Geraden zu einem konstanten Kurvenradius wird durch sogenannte Klothoiden realisiert. Dies stellt sicher, dass der

Übergang stetig ist und keine sprunghaften Änderungen im Kurvenverlauf auftreten [6, 21]. In Krümmungskoordinaten sind Klothoiden als lineare Interpolation zwischen Geraden und Kreisen dargestellt. Der Krümmungsverlauf der Versuchsstrecke aus Abbildung 4.12 ist in Abbildung 5.3 dargestellt. Positive Krümmungswerte verdeutlichen dabei Linkskurven und negative Krümmungswerte Rechtskurven.

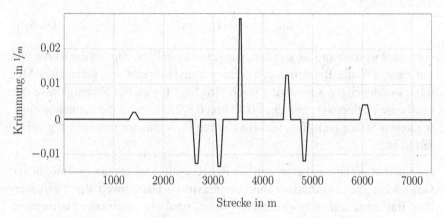

Abbildung 5.3: Krümmungsverlauf der Versuchsstrecke aus Abbildung 4.12

Nachfolgend soll untersucht werden, mit welcher maximalen Geschwindigkeit das Fahrzeug bevorstehende Kurven durchfahren kann. Ist die aktuelle Fahrzeuggeschwindigkeit zu hoch, muss das Fahrzeug abgebremst werden. Für diesen Vorgang soll das Schlittensystem entsprechend vorgesteuert werden. Als Basis der Berechnung kommt das lineare Einspurmodell zum Einsatz. Mit dem aufgestellten Einspurmodell aus Anhang A.9 kann der vereinfachte Fall der stationären Kreisfahrt betrachtet werden. Dabei fährt das Fahrzeug mit konstanter Geschwindigkeit ($\dot{x}_{Fzg}$ = konst.) auf einem bestimmten Kurvenradius R bzw. einer Krümmung κ. Es ergibt sich eine konstante Zentripetalbeschleunigung

$$\ddot{y}_{Fzg} = \dot{x}_{Fzg}^2 \cdot \kappa,$$ Gl. 5.9

wobei der Krümmungsmittelpunkt der Bahnkurve mit dem Kreismittelpunkt und dem Momentanpol zusammenfällt. Dieser besondere Fall der stationären Kreisfahrt kommt zudem im Bereich der genormten Testversuche zum Einsatz [76]. Weiterhin kann durch die Annahme der stationären Kreisfahrt die

Überlagerung der Längs- und Seitenkräfte vernachlässigt werden, welche anderenfalls mit Hilfe des Kamm'schen Kreises bestimmt werden müssten. Dabei müsste der maximal mögliche Haftreibungskoeffizient in Umfangs- und in Querrichtung übereinstimmen [99].

Mit dieser Annahme kann der maximale Haftbeiwert für die Querbewegung des Fahrzeugs

$$\mu_{yh,max} = \frac{1}{g} \left(\dot{x}_{Fzg}^2 \cdot |\kappa| \right)_{max} \qquad \text{Gl. 5.10}$$

berechnet werden und sie legt fest, wie schnell ein Fahrzeug um die Kurve fahren kann. Für die Berechnungen werden Standardwerte von gehobenen Mittelklassefahrzeugen verwendet. Nach [76] liegt für diese Fahrzeugklasse der maximale Haftbeiwert zwischen 0,73 und 0,8. Dabei wird die Annahme einer trockenen Straße getroffen, was für Fahrten im Simulator tendenziell gerechtfertigt ist.

Da Kurvenfahrten von Fahrern in der Regel deutlich unter maximal möglicher Geschwindigkeit stattfinden, kann der maximale Haftbeiwert verringert werden. Basierend auf oben genannter Quelle, wird ein maximaler Haftbeiwert von $\mu_{yh,max} = 0,75$ gewählt, welcher mit dem Anpassungsfaktor

$$\lambda_{Fahrer} = \frac{\sqrt{2}}{2} \qquad \text{Gl. 5.11}$$

durch den Fahrer beaufschlagt wird. Mit diesen Annahmen und dem geltenden Zusammenhang der Haftreibung

$$\mu_{yh,KF} \overset{!}{<} \lambda_{Fahrer} \cdot \mu_{yh,max} \qquad \text{Gl. 5.12}$$

einer Kurvenfahrt (KF), wird die voraussichtlich gefahrene maximale Kurvengeschwindigkeit

$$\dot{x}_{Fzg,max} \overset{!}{<} \sqrt{\frac{\lambda_{Fahrer} \cdot \mu_{yh,max} \cdot g}{|\kappa|}} \in X_{\dot{x}_{Fzg,max}} \qquad \text{Gl. 5.13}$$

mit g als Gravitationskonstante ermittelt. Beispielhaft ergibt sich auf der Versuchsstrecke (siehe Abbildung 5.3) für die scharfe Linkskurve mit der Krümmung $0,02855\,1/m$ bei etwa $3500\,m$ eine maximale Geschwindigkeit von

$\dot{x}_{\text{Fzg,max}} < 13,5\,^m/s \triangleq 48,6\,\text{km/h}$. Da diese Kurve jedoch in einer Tempo-30-Zone liegt, wird das Fahrzeug höchstwahrscheinlich diese Geschwindigkeit annehmen, sodass für diese Kurve keine Vorsteuerung vorgenommen werden muss.

5.1.3 Verhalten bei nicht verfügbaren ADAS-Daten

Nicht immer stehen auf allen Straßenabschnitten ADAS-Daten zur Verfügung. Dies hängt von den Straßengegebenheiten und dem implementierten Straßennetzwerk in der graphischen Fahrsimulatorumgebung ab. In einem solchen Falle orientiert sich die Vorsteuerung rein an fahrzeugspezifischen Daten, wie die aktuelle Fahrzeuggeschwindigkeit $\dot{x}_{\text{Fzg}} \in X_{\dot{x}_{\text{Fzg}}}$, die Fahrpedalstellung

$$0 \leq p_{\text{F}}(t) \in X_{p_{\text{F}}} \leq 1 \qquad \text{Gl. 5.14}$$

und die Bremspedalstellung

$$0 \leq p_{\text{B}}(t) \in X_{p_{\text{B}}} \leq 1. \qquad \text{Gl. 5.15}$$

Daraus wird die mögliche Wahrscheinlichkeit für eventuell bevorstehende Fahrmodi abgeleitet und der Schlitten entsprechend vorgesteuert. Da die Fahrweise des Fahrers jedoch nicht exakt prädizierbar ist, wird aus Sicherheitsgründen nur eine Vorsteuerung von $\pm 2\,\text{m}$ vorgenommen. Somit verbleibt zu allen Zeiten noch genügend Platz von $3\,\text{m}$ bis zur Arbeitsraumbegrenzung.

Befindet sich der Schlitten bei $-2\,\text{m}$ und der Fahrer beschleunigt das Fahrzeug mit einer Fahrpedalstellung von $p_{\text{F}} \geq 0,4$ über einen bestimmten Zeitraum $T_{p_{\text{F}}}$, so wird der Schlitten in die Hallenmitte vorpositioniert, sobald die Fahrzeuggeschwindigkeit den Wert $\dot{x}_{\text{Fzg}} > 75\,\text{km/h}$ übertritt. Der hierbei verwendete Fahrpedalschwellwert ergibt sich aus dem Zusammenhang von Motordrehmoment und Motordrehzahl und ist dem entsprechenden Diagramm aus [99] entnommen. Wird das Fahrzeug weiter beschleunigt und übertritt die Geschwindigkeit von $\dot{x}_{\text{Fzg}} > 90\,\text{km/h}$, wird der Schlitten auf $2\,\text{m}$ vorgesteuert, da im weiteren Verlauf keine großen Beschleunigungen mehr auftreten können und von einem Verzögerungsvorgang auszugehen ist.

Befindet sich der Schlitten bei $2\,\text{m}$ und der Fahrer verzögert das Fahrzeug mit einer Bremspedalstellung von $p_{\text{B}} \geq 0,6$ in einem Zeitraum $T_{p_{\text{B}}}$, so wird der Schlitten in die Hallenmitte vorpositioniert, sobald die Fahrzeuggeschwindigkeit den Wert $\dot{x}_{Fzg} < 75\,km/h$ unterschreitet. Der verwendete Bremspedalschwellwert resultiert aus dem auftretenden Bremsmoment und ist ebenfalls dem dazugehörigen Diagramm aus [99] entnommen. Wird das Fahrzeug weiter verzögert und unterschreitet die Geschwindigkeit von $\dot{x}_{Fzg} < 50\,km/h$, so wird der Schlitten auf $-2\,m$ vorgesteuert. Bei derart niedrigen Geschwindigkeiten ist mit hoher Wahrscheinlichkeit von einer nachfolgenden Beschleunigung auszugehen. Wird jedoch weiter verzögert, steht mit weiteren $3\,m$ genügend Platz zur Verfügung, bis der Schlitten in seine Arbeitsraumbeschränkung fährt.

5.2 Flachheitsbasierte kinematische Modellierung der Schiene

Die Vorsteuerung des Schlittensystems soll als flaches System erfolgen. Das Konzept der Flachheit wurde 1992 in [39?] eingeführt. Der gravierende Vorteil bei derartigen Systemen ist die flache Auslegung der Stellsignale, sodass für alle flachen Systemzustände flachheitsbasierte Trajektorienfolgen vorgegeben werden können. Diese synthetisch erzeugten Vorsteuerungssignale führen zu einer schonenderen Fahrweise des Simulators und der Stellglieder, als das durch Messungen gestörte Reglersignal [43, 123]. Dies ist insbesondere für die kinematische Bewegung des Schlittens wichtig, da der Fahrer die Vorsteuerung im Simulator auf keinen Fall spüren darf. Dafür müssen zwei Hauptkriterien erfüllt sein: Einerseits darf der Schlitten nicht ruckartig bewegt werden, da dies vom Fahrer deutlich wahrgenommen werden würde. Andererseits muss die Geschwindigkeit der Vorsteuerung unterhalb menschlicher Wahrnehmungsschwellen liegen, sodass für den Fahrer keine Beschleunigungen wahrnehmbar sind. Diese beiden Hauptkriterien sind mit Hilfe einer flachheitsbasierten Vorsteuerung ideal umsetzbar.

Modellierung des Schlittensystems

Das Schlittensystem wird als eine Integratorkette 3. Ordnung entworfen. Dies stellt ein lineares SISO-System in Regelungs-Normalform dar, sodass die differenzielle Flachheit für den Vorsteuerungsentwurf angewendet werden kann.

Letztlich soll die Schlittenposition vorgesteuert werden, welche als Ausgang definiert wird. Damit ergibt sich die Zustandsdarstellung

$$\Sigma_{VS}: \quad \dot{x}_{VS} = A_{VS}\, x_{VS} + B_{VS}\, u_{VS}, \quad x_{VS}(0) = x_{VS,0} \in \mathbb{R}^n, \; n = 3$$
$$y_{VS} = C_{VS}^T\, x_{VS}$$

Gl. 5.16

mit dem Zustandsvektor für die Vorsteuerung des Schlittensystems

$$x_{VS} = [x_{VS,S}, \; \dot{x}_{VS,S}, \; \ddot{x}_{VS,S}]^T \in \mathbb{R}^3 \qquad \text{Gl. 5.17}$$

und den Systemmatrizen

$$A_{VS} = \begin{bmatrix} 0 & 1 & 0 \\ 0 & 0 & 1 \\ 0 & 0 & 0 \end{bmatrix} \in \mathbb{R}^{3 \times 3}, \quad B_{VS} = \begin{bmatrix} 0 \\ 0 \\ 1 \end{bmatrix} \in \mathbb{R}^3,$$

$$C_{VS}^T = \begin{bmatrix} 1 & 0 & 0 \end{bmatrix} \in \mathbb{R}^3.$$

Eine wichtige Kenngröße des Systems ist der relative Grad $0 < r \leq n = 3$, welcher die Abhängigkeit der r-ten Ableitung des Ausgangs y_{VS} vom Eingang u_{VS} mit

$$0 < r < n: \quad C_{VS}^T\, A_{VS}^{i-1}\, B_{VS} = 0, \quad i = 1\,(1)\,r - 1,$$
$$C_{VS}^T\, A_{VS}^{r-1}\, B_{VS} \neq 0$$

Gl. 5.18

angibt. Mit der Steuerbarkeits-Matrix

$$P = \begin{bmatrix} B_{VS}, & A_{VS}B_{VS}, & \ldots, & A_{VS}^{n-1}B_{VS} \end{bmatrix} \in \mathbb{R}^{n \times n} \qquad \text{Gl. 5.19}$$

und der Annahme, dass ein flacher Ausgang $z = \lambda^T x_{VS}$ mit dem relativen Grad $r = n$ existiert, kann der unbekannte Zeilenvektor

$$\lambda^T = e^T\, P^{-1} \qquad \text{Gl. 5.20}$$

mit der inversen Steuerbarkeits-Matrix

$$P^{-1} = \begin{bmatrix} * & * & * \\ * & * & * \\ 1 & 0 & 0 \end{bmatrix} \in \mathbb{R}^{n \times n} \qquad \text{Gl. 5.21}$$

bestimmt werden, wobei

$$\mathbf{e}^{\mathrm{T}} = [0, \ldots, 0, \kappa \neq 0] \in \mathbb{R}^n \qquad \text{Gl. 5.22}$$

gilt. Die Werte für $*$ in $\mathbf{P}^{-1}$ aus Gl. 5.21 können dabei beliebig sein. Da das System Σ_{VS} vollen Rang besitzt und mit $|\mathbf{P}| \neq 0$ steuerbar ist, kann der flache Ausgang mit

$$z = \boldsymbol{\lambda}^{\mathrm{T}} \mathbf{x}_{\mathrm{VS}} \qquad \text{Gl. 5.23}$$

bestimmt werden. Dieser ist wegen $\kappa \neq 0$ nicht eindeutig und wird einfachheitshalber zu $\kappa = 1$ gesetzt. Der flache Ausgang wird nun so oft differenziert, bis der Eingang auftaucht

$$z = \kappa \cdot \mathbf{x}_{\mathrm{VS}}, \quad \dot{z} = \kappa \cdot \dot{\mathbf{x}}_{\mathrm{VS}}, \quad \ddot{z} = \kappa \cdot \ddot{\mathbf{x}}_{\mathrm{VS}}, \quad \dddot{z} = \kappa \cdot u_{\mathrm{VS}}, \qquad \text{Gl. 5.24}$$

wodurch sich ein relativer Grad von $r = 3 = n$ ergibt. Damit lassen sich die differenziellen Parameter

$$\Sigma_{\mathrm{VS}}^{-1}: \quad \text{Zustand} \quad \mathbf{x}_{\mathrm{VS}} = [z, \ \dot{z}, \ \ddot{z}]^{\mathrm{T}} = \psi_{x_{\mathrm{VS}}} (z, \dot{z}, \ddot{z}),$$

$$\text{Eingang} \quad u_{\mathrm{VS}} = \dddot{z} = \psi_{u_{\mathrm{VS}}} (\dddot{z}), \qquad \text{Gl. 5.25}$$

$$\text{Ausgang} \quad y_{\mathrm{VS}} = z = \psi_{y_{\mathrm{VS}}} (z).$$

aufstellen. Schlussendlich wird noch die Anfangsbedingung mit

$$z(0) = \boldsymbol{\lambda}^{\mathrm{T}} \mathbf{x}_{\mathrm{VS},0} \qquad \text{Gl. 5.26}$$

in flache Koordinaten transformiert.

Entwurf der Vorsteuerung

Mit der Aufstellung des Schlittensystems in flachen Koordinaten kann nachfolgend die Trajektorienplanung in Flachheitskoordinaten durchgeführt werden. Dabei hat der Arbeitspunktwechsel in einer vorgegebenen Transitionszeit $T_{\mathrm{VS}} > 0\,\mathrm{s}$ stattzufinden, damit eine hinreichend glatte Referenztrajektorie [43]

$$z_{\mathrm{VS}}^* (t) = z_{\mathrm{VS},k_0}^* + \left(z_{\mathrm{VS},k_1}^* - z_{\mathrm{VS},k_0}^* \right) \sum_{i=n+1}^{2n+1} a_i \left(\frac{t}{T_{\mathrm{VS}}} \right)^i, \, t \in \left[T_{\mathrm{VS},k_0}, T_{\mathrm{VS},k_1} \right]$$

$$\text{Gl. 5.27}$$

mit den Parametern

$$\{a_{n+1},\, a_{n+2},\, a_{n+3},\, a_{n+4}\} = \{35,\ -84,\ 70,\ -20\} \qquad \text{Gl. 5.28}$$

resultiert. Für das Verfahren des Schlittens ergeben sich $2\,(n+1)$ Bedingungen

$$z^*_{\mathrm{VS}}\left(T_{\mathrm{VS},k_0}\right) = z^*_{\mathrm{VS},k_0},\quad z^*_{\mathrm{VS}}\left(T_{\mathrm{VS},k_1}\right) = z^*_{\mathrm{VS},k_1},$$
$$\overset{(i)}{z}{}^*_{\mathrm{VS}}\left(T_{\mathrm{VS},k_0}\right) = \overset{(i)}{z}{}^*_{\mathrm{VS}}\left(T_{\mathrm{VS},k_1}\right) = 0,\quad i = 1,\ldots,n \qquad \text{Gl. 5.29}$$

damit zwischen den beiden stationären Arbeitspunkten flach umgeschaltet werden kann. Die Referenztrajektorie des Systems aus Gl. 5.16 muss mindestens n-mal stetig differenzierbar sein, damit die Stellgröße stetig ist. Durch die ein- und zweimalige Differenziation lassen sich alle drei Stellgrößen z^*_{VS}, $\dot z^*_{\mathrm{VS}}$ und $\ddot z^*_{\mathrm{VS}}$ für das Schlittensystem berechnen und sind als beispielhafter Verlauf in Abbildung 5.4 zu sehen.

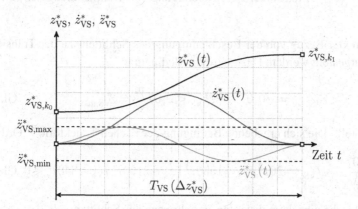

Abbildung 5.4: Qualitativer Verlauf der flachen Trajektorien für die Vorsteuerung des Schlittensystems

Wie oben erwähnt, ist die Nichtwahrnehmbarkeit der Vorsteuerung durch den Fahrer immens wichtig. Praktisch wird dies durch die Einhaltung der Beschleunigungsgrenzen des Schlittens aus Gl. 4.1 erreicht. Die Zeitdauer der Vorsteuerung wird durch die Transitionszeit T_{VS} aus Gl. 5.27 vorgegeben. Somit muss

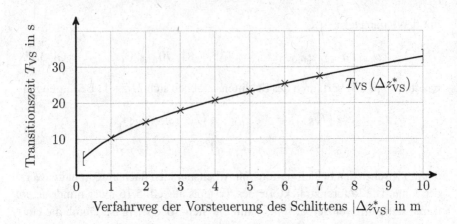

Abbildung 5.5: Nichtlineare Beziehung zwischen beispielhaften diskreten Verfahrwegen ($\times$) $|\Delta z^*_{\text{VS}}|$ und Transitionszeit T_{VS} des Schlittens unter Berücksichtigung von Wahrnehmungsschwellen

ein direkter Bezug von der Beschleunigung des Schlittens zu der Transitionszeit hergestellt werden. Dazu wird die Bedingung

$$\ddot{z}^*_{\text{VS,min}} = -0{,}07\,\frac{\text{m}}{\text{s}^2} \overset{!}{<} \ddot{z}^*_{\text{VS}} \overset{!}{<} 0{,}07\,\frac{\text{m}}{\text{s}^2} = \ddot{z}^*_{\text{VS,max}} \qquad \text{Gl. 5.30}$$

aufgestellt. Die sich ergebende Bedingung der flachen Trajektorie 7. Ordnung

$$-\frac{0{,}07\,^{m/s^2}}{|\Delta z^*_{\text{VS}}|}\,T^7_{\text{VS}} + 420\,t^2\,T^3_{\text{VS}} - 1680\,t^3\,T^2_{\text{VS}} + 2100\,t^4\,T_{\text{VS}} - 840\,t^5 < 0 \quad \text{Gl. 5.31}$$

muss für die einzelnen diskreten Verfahrwege des Schlittens

$$|\Delta z^*_{\text{VS}}| = |z^*_{\text{VS},k_1} - z^*_{\text{VS},k_0}| \qquad \text{Gl. 5.32}$$

gelöst werden. Dazu wird die Transitionszeit T_{VS} numerisch so oft optimiert, bis die Trajektorie die Bedingung aus Gl. 5.31 erfüllt. Werden die diskreten Verfahrwege über der benötigten Transitionszeit aufgetragen, ergibt sich eine nichtlineare Funktion der Form

$$T_{\text{VS}}\,(\Delta z^*_{\text{VS}}) = a_{\text{VS}} \cdot |\Delta z^*_{\text{VS}}|^{b_{\text{VS}}}, \quad |\Delta z^*_{\text{VS}}| \in [0{,}2\,\text{m}; 10\,\text{m}] \qquad \text{Gl. 5.33}$$

mit den Koeffizienten $a_{VS} = 10,42$ und $b_{VS} = 0,4981$. Die nichtlineare Funktion und die diskreten Verfahrwege sind in Abbildung 5.5 zu sehen. Diese dient als Transitionszeitvorgabe für die unterschiedlichen diskreten Verfahrwege des Schlittens, sodass die Beschleunigung immer unterhalb der menschlichen Wahrnehmung liegt und die Vorsteuerung somit vom Fahrer nicht wahrgenommen werden kann.

Für die Vorsteuerung können, je nach Anwendungsfall, beliebig viele diskrete Punkte im zulässigen Bereich ausgewählt werden. Die nachfolgend erläuterte ereignisdiskrete Vorsteuerung orientiert sich an oft gewählten, sinnvollen Punkten. Diese sind als Kreuze ($\times$) in Abbildung 5.5 dargestellt und als Menge in Gl. 5.34 erläutert.

5.3 Ereignisdiskrete Vorsteuerung

Nach Kapitel 3 stellt der Schlitten die verbleibenden Beschleunigungen der Fahrdynamiksimulation unter Berücksichtigung der TC dar. Damit der Schlitten jederzeit diese Beschleunigungen möglichst exakt abbilden kann, muss der Simulator entsprechend vorgesteuert werden. Dies wird mit Hilfe einer ereignisdiskreten Vorsteuerung (flachheitsbasiert) umgesetzt, auf welche nachfolgend eingegangen wird.

Der Arbeitsraum des Schlittens beträgt insgesamt 10 m, der vom Mittelpunkt aus gesehen eine Spannweite von ± 5 m aufweist (siehe Tabelle 1.1). Damit der Schlitten jedoch zu keiner Zeit in seine Beschränkungen fährt, ist am Fahrsimulator eine software-abhängige Sicherheitsbegrenzung bei $\pm 4,5$ m implementiert. Weiterhin findet eine abschließende Filterung statt, sodass unerwünschtes Verhalten wie Artefakte, Rauschen oder fehlende kinematische Informationen verhindert werden [16]. Somit steht für den nutzbaren Arbeitsraum des Schlittens ein effektiver Verfahrweg von 9 m zur Verfügung.

Die ereignisdiskreten Zustände im Arbeitsraum werden hier beispielhaft wie folgt definiert:

$$\tilde{E}_{VS} = \{\tilde{E}_{VS,-4}, \tilde{E}_{VS,-3}, \tilde{E}_{VS,-2}, \tilde{E}_{VS,0}, \tilde{E}_{VS,2}, \tilde{E}_{VS,3}, \tilde{E}_{VS,i}\}, \quad \text{Gl. 5.34}$$

wobei weitere diskrete Punkte durch $\tilde{E}_{VS,i}$ mit $i \in \mathbb{R}[-4,5;4,5]$ verdeutlicht werden. Für den Start der Simulatorfahrt soll der Schlitten möglichst weit nach hinten auf $\tilde{E}_{VS,-4} = -4\,\mathrm{m}$ vorpositioniert werden. Der erste Beschleunigungsvorgang erfolgt aus dem Stand. Für bevorstehende starke Beschleunigungen, weitestgehend aus dem Stand, wird der Schlitten auf $\tilde{E}_{VS,-3} = -3\,\mathrm{m}$ vorpositioniert. Somit verbleibt für den Beschleunigungsvorgang ein Verfahrweg von maximal 7,5 m, bis die Sicherheitssteuerung eingreift. Gleichzeitig steht ein möglicher Verfahrweg von -1,5 m zur Verfügung, falls von dem Fahrer kleinere Verzögerungsvorgänge vorgenommen werden. Für leichtere Beschleunigungsvorgänge, die hauptsächlich aus der Fahrt heraus geschehen, wird der Schlitten auf $\tilde{E}_{VS,-2} = -2\,\mathrm{m}$ vorpositioniert. Die verfügbaren 6,5 m sind für die Beschleunigung vollständig ausreichend und zusätzlich kann dadurch genügend Platz für eventuelle Verzögerungsvorgänge geschaffen werden. Befindet sich das ereignisdiskrete Filter im Modus Normalfahrt, wird der Simulator klassischerweise in den Mittelpunkt ($\tilde{E}_{VS,0} = 0\,\mathrm{m}$) des Arbeitsraumes vorgesteuert. Somit besteht in beiden Richtungen ausreichend Platz für betragsmäßig geringe Beschleunigungen bzw. Verzögerungen.

Das Konzept zur Vorpositionierung für bevorstehende Verzögerungsvorgänge ist analog zur Vorsteuerung für Beschleunigungsvorgänge. Für leichte Verzögerungen (meist in die Fahrt), wird der Schlitten auf geringere Werte ($\tilde{E}_{VS,2} = 2\,\mathrm{m}$) vorpositioniert. Sind dagegen starke Verzögerungsvorgänge mit großer

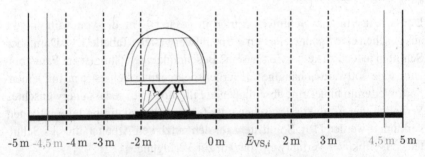

-5 m -4,5 m -4 m -3 m   -2 m   0 m $\tilde{E}_{VS,i}$ 2 m   3 m   4,5 m 5 m

Aufgeteilter Arbeitsraum des Schlittensystems für die Längsbewegung

Abbildung 5.6: Beispielhafte diskrete Vorsteuerungspunkte im Arbeitsraum des Schlittensystems für die Längsbewegung (nach [79])

Differenzgeschwindigkeit oder Verzögerungen in den Stand zu erwarten, wird eine Vorsteuerung von $\tilde{E}_{VS,3} = 3\,\text{m}$ durchgeführt. Eine übersichtliche Darstellung der beispielhaften Raumaufteilung ist in Abbildung 5.6 zu sehen.

Für die Ansteuerung der Punkte im Arbeitsraum wird ein ereignisdiskretes System aufgestellt, das alle oben beschriebenen Anforderungen enthält. Die Transaktionen $\tilde{T}_{VS}$ von einem Zustand $\tilde{E}_{VS,k_0}$ zum nächsten $\tilde{E}_{VS,k_1}$ haben die Gestalt

$$\tilde{T}_{VS,k_0 k_1} = \{x_{\text{Fzg,B}} \in X_{x_{\text{Fzg,B}}} \wedge \dot{x}_{\text{Fzg}} \in X_{\dot{x}_{\text{Fzg}}} \wedge \Delta\dot{x}_{\text{Fzg,B}} \in X_{\Delta\dot{x}_{\text{Fzg,B}}} \wedge$$

$$\Delta\dot{x}_{\text{Fzg,sl}} \in X_{\Delta\dot{x}_{\text{Fzg,sl}}} \wedge \dot{x}_{\text{Fzg,max}} \in X_{\dot{x}_{\text{Fzg,max}}} \wedge \qquad \text{Gl. 5.35}$$

$$p_{\text{F}} \in X_{p_{\text{F}}} \wedge p_{\text{B}} \in X_{p_{\text{B}}} \} \in \mathbb{R}$$

und werden innerhalb der Zeitdauer

$$t \in T_{VS}\left(\Delta z^*_{VS,k_0 k_1}\right) \qquad \text{Gl. 5.36}$$

ausgeführt. Eine übersichtliche Darstellung des ereignisdiskreten Systems der Vorsteuerung für das Schlittensystem ist in Abbildung 5.7 zu sehen. Dabei stellen die Zahlen ① bis ㉕ alle 25 Transaktionsbedingungen aus Gl. 5.35 und Gl. 5.36 dar und sind im Anhang A.10 tabellarisch aufgelistet. Diese sind, basierend auf der verwendeten Ereignismenge, beliebig erweiterbar.

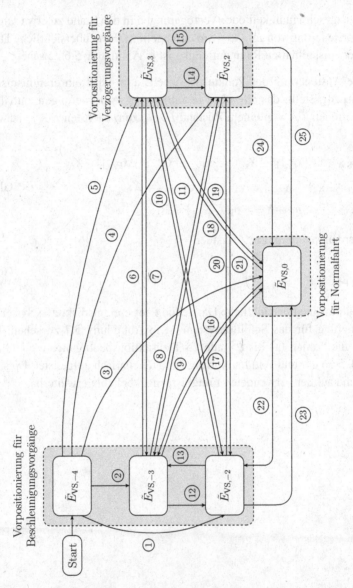

Abbildung 5.7: Ereignisdiskrete Vorsteuerung des Schlittensystems für bevorstehende Normalfahrten, Beschleunigungs- oder Verzögerungsvorgänge

6 Umsetzung und Analyse im Fahrsimulator

In diesem Kapitel wird die Implementierung des szenarienadaptiven Motion-Cueing-Algorithmus (SAA) und dessen Analyse erläutert. Es werden sowohl eine objektive als auch eine subjektive Untersuchung und Analyse durchgeführt. Die experimentellen Erprobungen werden objektiv anhand definierter Manöver und einer Versuchsfahrt betrachtet. In einer Expertenstudie soll der SAA subjektiv auf seinen wahrgenommenen Realitätsgrad untersucht werden. Dadurch soll eine fundierte Beurteilung und Verifikation des neuen Algorithmus sichergestellt werden.

Der gesamte SAA wird mit allen Komponenten der Längsbewegung am Stuttgarter Fahrsimulator implementiert und in Echtzeit ausgeführt (siehe Kapitel 1.1.2). Damit ist der Algorithmus in die Fahrsimulatorumgebung integriert und bildet mit dem Fahrer bzw. dem automatisierten Fahrzeug einen geschlossenen Regelkreis (siehe Abbildung 1.2). Erst dadurch ist eine fundierte Beurteilung des erreichten Realitätsgrades des Algorithmus gewährleistet. Der vollständige SAA ist in Abbildung 6.1 dargestellt.

6.1 Analyse und Bewertung

Der SAA wird auf seine Eigenschaften bezüglich unterschiedlicher Fahrszenarien untersucht. Um geeignete Aussagen treffen zu können, wird der in dieser Arbeit vorgestellte Algorithmus mit Referenzalgorithmen aus der Literatur verglichen. Es werden der erweiterte Classical-Washout zu einem nichtlinearen Hochpassfilter und der bestehende Algorithmus am Stuttgarter Fahrsimulator aus [86] verwendet. Da dieser bereits in [86] mit dem Classical-Washout verglichen wurde, wird in dieser Untersuchung darauf verzichtet.

© Springer Fachmedien Wiesbaden GmbH, ein Teil von Springer Nature 2020
T. Miunske, *Ein szenarienadaptiver Bewegungsalgorithmus für die Längsbewegung eines vollbeweglichen Fahrsimulators*, Wissenschaftliche Reihe Fahrzeugtechnik Universität Stuttgart, https://doi.org/10.1007/978-3-658-30470-6_6

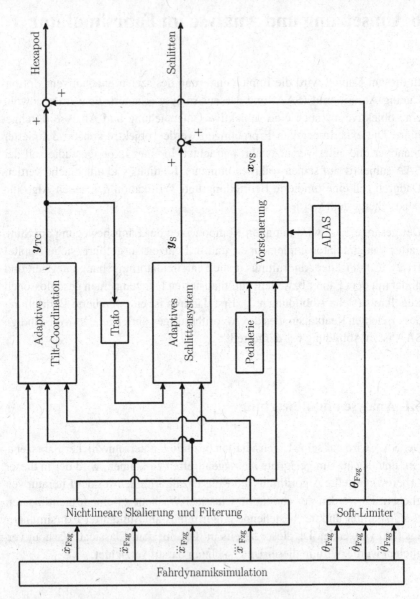

Abbildung 6.1: Gesamtsystem des adaptiven ereignisdiskreten Motion-
Cueing-Algorithmus

Die allgemeine Bewertung von MCA ist generell schwierig, da objektive Untersuchungen nichts über den wahrgenommenen Realitätsgrad durch einen Fahrer aussagen können. Subjektive Untersuchungen weisen dagegen den Nachteil auf, dass gleichartige reproduzierbare Manöver von Fahrern unterschiedlich wahrgenommen und bewertet werden. Dieser Sachverhalt ist in Abbildung 6.2 verdeutlicht. Dabei wird die Verbindung des Fahrers von Empfindung und Erfahrung als Wahrnehmung bezeichnet [96]. Darauf basierend wird in dieser Arbeit das Augenmerk auf die objektive Untersuchung gelegt, die mit einer subjektiven Beurteilung in einer Expertenstudie untermauert wird.

Abbildung 6.2: Objektive und subjektive Auswertbarkeit in der bewegten Fahrsimulation

Die Analyse findet auf zwei unterschiedliche Arten statt: Bei der objektiven Untersuchung werden vorrangig definierte Manöver untersucht und mit zwei weiteren MCA verglichen, um das individuelle Verhalten beurteilen zu können. Für eine globale Untersuchung wird eine Versuchsstrecke erläutert, um das Gesamtverhalten darstellen zu können. Bei der subjektiven Untersuchung liegt die Konzentration auf der Wahrnehmung der definierten Fahrmanöver. Dadurch soll eine realistische Beurteilung für häufig auftretende Ereignisse einer Autofahrt sichergestellt werden. Bezüglich der Fahrdynamiksimulation wird für die Untersuchung ein validiertes Fahrzeugmodell eines Fahrzeuges im Sportwagensegment mit konventionellem Antrieb und Doppelkupplungsgetriebe verwendet.

6.1.1 Objektive Untersuchung

Definierte Manöver

Um den SAA auf seinen Realitätsgrad hin untersuchen zu können, werden bei der objektiven Analyse sechs unterschiedliche Manöver untersucht. Diese bilden Beschleunigungen und Verzögerungen aller sechs hergeleiteten Schwellwerte (SW) aus Kapitel 4.2 ab. Alle sechs Manöver stellen typisch auftretende Fahrbewegungen dar und sind übersichtlich in Tabelle 6.1 zu sehen.

Tabelle 6.1: Kategorisierung der Verzögerungsvorgänge

Nr.	$\Delta\dot{x}_{Fzg}$ [km/h]	SW	Manöver
1	0 - 150	S_{B_3}	starke Beschleunigung (aus dem Stand)
2	60 - 120	S_{B_2}	mittlere Beschleunigung (aus der Fahrt)
3	50 - 80	S_{B_1}	leichte Beschleunigung (aus der Fahrt)
4	120 - 0	S_{V_3}	starke Verzögerung (in den Stand)
5	100 - 50	S_{V_2}	mittlere Verzögerung (in die Fahrt)
6	50 - 30	S_{V_1}	leichte Verzögerung (in die Fahrt)

Alle sechs Manöver sind in Abbildung 6.3 dargestellt. Dabei wird der in dieser Arbeit vorgestellte SAA (——) (im Weiteren MCA$_1$ genannt) mit zwei weiteren MCA verglichen: Zum einen der bestehende MCA am Stuttgarter Fahrsimulator aus [86] (- - -) (im Weiteren MCA$_2$ genannt) und zum anderen ein nichtlinearer Washout aus [89] mit der Kopplung der TC aus [86] (- - -) (im Weiteren MCA$_3$ genannt). Dabei wird jeweils die Gesamtbeschleunigung $\ddot{x}_{MCA_i}$ mit $i = \{1,2,3\}$ betrachtet, welche sich aus der kinematischen Bewegung des Hexapods und des Schlittens zusammensetzt. Diese soll, so gut wie möglich, der Eingangsbeschleunigung (——) aus der Fahrdynamiksimulation entsprechen.

Auf den ersten Blick ist erkennbar, dass der MCA$_2$ des Öfteren Signaleinbrüche im Beschleunigungssignal aufweist. Diese Einbrüche resultieren aus der Schlittendynamik und sind auf das PD-Verhalten zurückzuführen. Dadurch kann zwar der Schlitten rechtzeitig abgebremst werden, jedoch entspricht das Signal nicht mehr der typischen Form des Eingangssignals. Der MCA$_3$ hin-

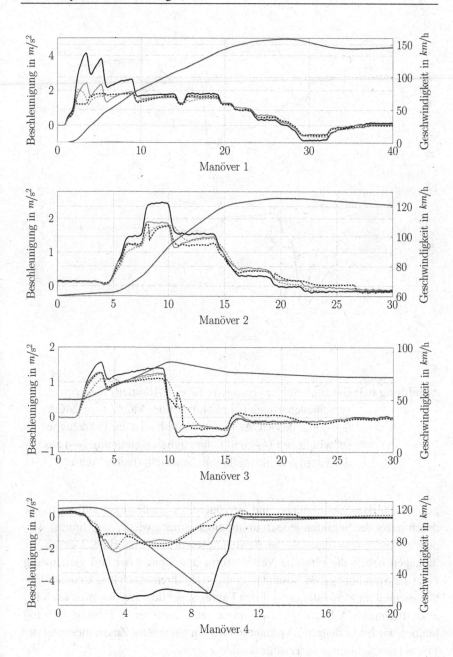

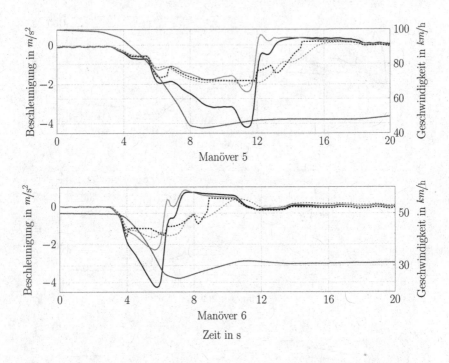

Abbildung 6.3: Gesamtbeschleunigungen (TC und Schlitten) von sechs
verschiedenartigen Fahrmanövern des MCA_1 (—), MCA_2
(- - -) und des MCA_3 (- - -). Weiterhin ist die Fahrzeuggeschwindigkeit (—) und Fahrzeugbeschleunigung (—) aus
der Fahrdynamiksimulation dargestellt (rechte Achse).

gegen kann Beschleunigungs- und Verzögerungssignale zügig aufbauen. Dadurch muss der Schlitten jedoch unmittelbar danach wieder abgebremst werden, sodass ungewollte falsche Bewegungseindrücke entstehen. Der MCA_1
hingegen behält die typische Verlaufsform des Signals bei und gleichzeitig
kann der Simulator große Beschleunigungen abfahren. Auch hier kann das Eingangssignal nicht vollständig auf den Fahrer abgebildet werden, was auch bei
zukünftigen MCA-Entwicklungen immer eine bestehende Herausforderung
bleiben wird. Mit dem MCA_1 kann jedoch ein geeignetes Zusammenspiel der
TC und des Schlittens vorgestellt werden.

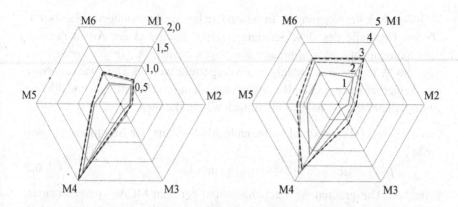

Abbildung 6.4: Potenzialanalyse und Vergleich aller sechs Manöver (M1 - M6) aus Abbildung 6.3 bezüglich des adaptiven MCA_1 (—), des bestehenden MCA_2 am Stuttgarter Fahrsimulator aus [86] (- - -) und des nichtlinearen Washouts MCA_3 (- - -). Links: Darstellung des RMSE. Rechts: Darstellung des maximal auftretende Fehlers. Alle Werte sind in m/s^2 angegeben.

Nachfolgend werden alle drei MCA mittels Potenzialanalyse auf ihre quantitativen Eigenschaften, basierend auf den sechs Manövern, untersucht. Zuerst werden die Beschleunigungssignale auf den RMSE (engl. root-mean-square error, deutsch Wurzel der mittleren quadratischen Fehlerabweichung) begutachtet [64] und in Abbildung 6.4 links dargestellt. Der RMSE wird durch

$$RMSE_i = \sqrt{\frac{1}{n}\sum_1^n \left(\ddot{x}_{Fzg} - \ddot{x}_{MCA_i}\right)^2}, \quad i = \{1,2,3\} \qquad \text{Gl. 6.1}$$

bestimmt und ist ein Maß für die mittlere Fehlerabweichung. Dabei gilt: Je kleiner der Wert, desto genauer kann der MCA das Eingangssignal über den gesamten Streckenverlauf abbilden. Es ist erkennbar, dass der MCA_3 die Beschleunigungen im Schnitt am Schlechtesten abbildet. Der MCA_2 kann schon deutlicher bessere Signale an den Fahrer übermitteln. Die realistischsten Werte können wie erwartet mit dem adaptiven MCA_1 dargestellt werden. Zudem ist ersichtlich, dass Beschleunigungsvorgänge deutlich besser als Verzögerungsvorgänge abgebildet werden können. Der Grund liegt im höherdynamischen

Verhalten von Verzögerungen. Insbesondere bei Vollbremsungen (Manöver 4) können Großteile des Beschleunigungssignals aufgrund der Arbeitsraumbeschränkung nicht an den Simulator übertragen werden. Am besten können von allen MCA leichte Beschleunigungen dargestellt werden. Dies war zu erwarten, da hierbei keine großen Beschleunigungsamplituden auftreten und die Eingangssignale beinahe nahtlos übertragen werden können.

Weiterhin wird die maximal auftretende Abweichung der Beschleunigungssignale

$$e_{\text{MCA,max}_i} = \max |\ddot{x}_{\text{Fzg}} - \ddot{x}_{\text{MCA}_i}|, \quad i = \{1,2,3\} \qquad \text{Gl. 6.2}$$

betrachtet. Die größten Abweichungen sind bei dem MCA_3 zu verzeichnen, wobei hier Differenzen von bis zu $2\,m/s^2$ auftreten. Auftretende Unstimmigkeiten bei dem MCA_3 sind dem MCA_2 ähnlich. Der MCA_1 weist insbesondere bei leichteren Beschleunigungen kaum Fehler auf. Wie bei der RMSE-Analyse treten auch hier die größten Fehler bei Verzögerungen auf. Insgesamt lässt sich konstatieren, dass der in dieser Arbeit entwickelte adaptive MCA_1 bessere Ergebnisse als die bestehenden Algorithmen MCA_2 und MCA_3 liefert. Dies zeichnet sich letztlich durch ein realistischeres Fahrgefühl für den Fahrer aus.

Versuchsstrecke

Für die weitere Untersuchung wird eine gesamte Fahrstrecke dargestellt, welche unterschiedliche Straßenabschnitte (Stadtfahrt, Landstraße, Autobahn) beinhaltet. Dabei soll das Gesamtverhalten des SAA vorgestellt werden, inklusive der adaptiven Anpassung und Vorsteuerung. In Tabelle 6.2 ist der Verlauf der Fahrstrecke mit den Straßenabschnitten (SA), den Geschwindigkeitsbegrenzungen (GB) und den Geschwindigkeitsanpassungen $\Delta \dot{x}_{\text{Fzg}}$ gegeben. Die dazugehörigen Signalverläufe sind in Abbildung 6.5 abgebildet, wobei durchgezogene Linien auf die linke Achse und gestrichelte Linien auf die rechte Achse Bezug nehmen.

Im oberen Schaubild aus Abbildung 6.5 sind die Eingangsbeschleunigung der Fahrdynamiksimulation (—), die Gesamtbeschleunigung des SAA (—) aus dem Zusammenspiel der TC und des Schlittens, die Beschleunigung des Schlittens (—) und der Nickwinkel des Hexapods (- - -) abgebildet. Es ist zu erkennen, dass bei Beschleunigungsvorgängen die Beschleunigungsdynamik deutlich geringer ist als bei Verzögerungen. Dies wirkt sich nicht zuletzt auch in einer geringeren Nickbewegung des Hexapods aus. Zudem treten bei Beschleunigungen deutlich geringere Amplituden als bei Verzögerungen auf, wodurch bei Abbremsvorgängen größere Fehler durch den SAA entstehen. Dies bestätigt die Erkenntnisse der Potenzialanalyse aus Abbildung 6.4. Außerdem überschreitet der Nickwinkel des Hexapods nicht die Vorgabe von $\pm 8\,°$. Nicht zuletzt dadurch kann unerwünschtes starkes Kippen des Hexapods verhindert werden.

Tabelle 6.2: Abschnittsunterteilung der Gesamtfahrstrecke aus Abb. 6.5

Nr.	Bereich [s]	SA	GB [km/h]	$\Delta \dot{x}_{Fzg}$ [km/h]
1	0 - 80	Landstraße	100	0 - 110
2	80 - 140	Stadt	50	110 - 50
3	140 - 200	Stadt	30	50 - 30
4	200 - 270	Stadt	50	30 - 50
5	270 - 290	Landstraße	100	50 - 120
6	290 - 380	Autobahn	120	110 - 110
7	380 - 420	Autobahn	160	110 - 140
8	420 - 500	Autobahn	160	140 - 50 - 0

Im mittleren Schaubild aus Abbildung 6.5 sind die adaptiven Umschaltungen zwischen den Modi für das Schlittensystem (—) und die TC (—) dargestellt. Die Umschaltung des Schlittensystems geschieht dabei für die sieben Modi, welche durch die Schwellwerte beschrieben werden. Dabei gilt der Zusammenhang: Modus 0 für die Normalfahrt, Modi 1 bis 3 für Beschleunigungen mit den Schwellwerten S_{B_1} bis S_{B_3} und Modi -1 bis -3 für Verzögerungen mit den Schwellwerten S_{V_1} bis S_{V_3}. Bei der adaptiven Umschaltung der TC gibt es den Modus 1 für Beschleunigungsvorgänge und den Modus -1 für Verzögerungsvorgänge. Weiterhin ist die Fahrzeuggeschwindigkeit (- - -) der Fahrdynamiksimulation über den gesamten Fahrverlauf dargestellt.

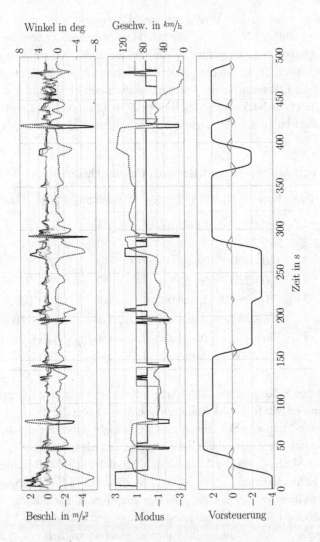

Abbildung 6.5: Fahrstrecke des SAA. Oben: Beschleunigungen (—, —, —)
und Nickwinkel (- - -) des Fahrsimulators. Mitte: Adaptive
Modi (—, —) und Fahrzeuggeschwindigkeit (- - -). Unten:
Position (—), Geschwindigkeit (—) und Beschleunigung
(—) der Vorsteuerung

Im unteren Schaubild aus Abbildung 6.5 ist die Vorsteuerung des Schlittens dargestellt und sie basiert hauptsächlich auf den Informationen des ADAS. Die Schlittenposition ist durch (—) mit der Einheit m angegeben und die Schlittengeschwindigkeit (—) in m/s. Die Schlittenbeschleunigung (—) ist in m/s^2 angegeben und überschreitet zu keinem Zeitpunkt die maximal spürbare Wahrnehmungsschwelle von $0,07\,m/s^2$ aus Gl. 4.1. Um dieser Anforderung gerecht zu werden, wird die Bedingung aus Gl. 5.31 eingehalten. Damit ist für den Fahrer die Vorsteuerung nicht spürbar.

6.1.2 Subjektive Untersuchung

Nachdem im vorausgegangenen Abschnitt der neue SAA objektiv gegen bestehende MCA untersucht wurde, steht noch eine experimentelle Untersuchung aus. Diese soll mittels subjektiver Bewertung die objektive Analyse verifizieren und kann am Besten durch eine Probandenstudie realisiert werden. Dadurch soll die Wahrnehmung und Fahrerakzeptanz für den in dieser Arbeit vorgestellten SAA untersucht werden. Damit die Testpersonen eine möglichst realistische Einschätzung des Fahrempfindens wiedergeben, wird eine Expertenstudie am Stuttgarter Fahrsimulator mit zwölf Personen durchgeführt. Es kann davon ausgegangen werden, dass durch die Erfahrung der Experten eine derartige Anzahl von Probanden gerechtfertigt ist. Die Verteilung der Probandenauswahl ist in Anhang A.12 erläutert.

Versuchsablauf

Zunächst wird ein Versuchsplan aufgestellt, mit welchem der SAA auf seine charakteristischen Merkmale hin bewertet werden kann. Damit ein möglichst genauer Vergleich zwischen objektiver und subjektiver Wahrnehmung hergestellt wird, ist der Streckenverlauf aller sechs Manöver aus Tabelle 6.1 als Referenz zu nehmen. Zudem werden diese Manöver von den Testpersonen mit allen drei oben definierten MCA (MCA_1, MCA_2, MCA_3) durchfahren. Es gilt zu beachten, dass Einflüsse von Gewöhnungs-, Ermüdungs- und Reihenfolgeeffekten weitestgehend vermieden werden. Deswegen fahren die Testpersonen alle sechs Manöver in permutierter Reihenfolge ab. Zudem sollte die Befragung zu den subjektiven Eindrücken zeitlich unmittelbar nach der erlebten Fahrt stattfinden, damit eine Verblassung der erfahrenen Eindrücke umgangen wird [32].

Der Ablauf der Versuchsfahrt inklusive Probandenbefragung strukturiert sich in die folgenden sieben Bereiche:

1. Die Vorbefragung,

2. eine Einweisung in den Versuchsablauf und den Fahrsimulator,

3. eine Eingewöhnungsfahrt der drei MCA mit anschließender Befragung,

4. die Testfahrt des ersten MCA_i mit anschließender Befragung,

5. die Testfahrt des zweiten MCA_i mit anschließender Befragung,

6. die Testfahrt des dritten MCA_i mit anschließender Befragung und

7. die Nachbefragung.

Die subjektiven Daten werden während der Studie mittels des Fragebogens (FB) aus Anhang A.11 erhoben. Die Vorbefragung enthält den Simulator Sickness Questionnaire (deutsch Fragebogen zur Simulatorkrankheit (SSQ)) [38] und allgemeine Fragen zur Fahrzeug- und Simulatorerfahrung. Diese sollen eine erste Einschätzung über die Fahrkenntnisse der Experten geben, um später auf die Antwortqualität schließen zu können. Die Befragung nach der Eingewöhnungsfahrt soll sicherstellen, den Gesamteindruck des Testfahrers zu erfahren und ob dieser unterschiedliche Bewegungsarten wahrnehmen konnte. Bezüglich der Befragung der Testfahrten ist besonders wichtig, dass damit eine möglichst realistische Erhebung der Fahrerakzeptanz durch die Probanden sichergestellt wird. Deswegen orientiert sich ein Großteil der Fragen an der vorgestellten Fragestellung von *van der Laan* [113]. Diese zielt auf den wahrgenommen Realitätsgrad der einzelnen MCA ab. Besonders die Unterschiede des Kippverhaltens, der wahrgenommenen Beschleunigungs- und Verzögerungsvorgänge und der Vorsteuerung sollen von den Testpersonen bewertet werden. Die Nachbefragung dient dazu, von den Testpersonen eine allgemeine Bewertung der erlebten Fahrten im Simulator zu erhalten. Weiterhin soll herausgefunden werden, ob sich die Probanden spezielle Änderungen in der wahrgenommenen Bewegung wünschen und welchen der Algorithmen sie bei zukünftigen Fahrten am liebsten erleben wollen. Abschließend wird nochmals der SSQ abgefragt, um Unterschiede zum Wohlbefinden der Probanden nach den erlebten Testfahrten herauszufinden.

Auswertung der Ergebnisse

Nachfolgend werden alle erhobenen Daten der Probandenstudie ausgewertet und die daraus resultierenden Ergebnisse vorgestellt. Eine übersichtliche Darstellung aller Probandeninformationen der Expertenstudie ist in Anhang A.12 dargestellt. Mit Hilfe des SSQ wird das allgemeine Wohlbefinden der Simulatorfahrt beurteilt, während mit den restlichen Fragen auf den Realitätsgrad der MCA geschlossen werden soll. Insbesondere soll herausgefunden werden, inwiefern sich der adaptive MCA_1 von den anderen beiden Algorithmen MCA_2 und MCA_3 unterscheidet. Das Ergebnis des SSQ ergibt, dass durch die Fahrsimulatorstudie insbesondere Übelkeit, Schwitzen, Kopfdruck und Schwindel im Schnitt leicht zugenommen haben. Insbesondere trägt der MCA_3 mit seinen abrupten Bewegungen dazu bei. Positiver Weise mussten keine Fahrversuche abgebrochen werden, sodass alle zwölf Testfahrten als gültige Fahrten gelten und in die Algorithmusbewertung mit einfließen können.

Im Schnitt weisen alle Experten ein grobes bis tieferes Verständnis von Fahrzeugdynamik auf (FB2.3). Über die Hälfte der Probanden können Fahrsimulatorerfahrung aufweisen (FB2.1) und beinahe die Hälfte weiß, was unter einem MCA zu verstehen ist (FB2.2). 95 % aller Probanden konnten die MCA deutlich voneinander unterscheiden (FB7.1). Davon haben 77 % sogar unterschiedliche Intensitäten zwischen den MCA wahrnehmen können (FB7.5). Das Wohlbefinden und der erste Gesamteindruck nach der Eingewöhnungsfahrt aller MCA liegt bei 76 % (FB3.1, FB3.2, FB3.4, FB3.6). Tendenziell wurde dabei der MCA_1 als realistisch und der MCA_3 als unrealistisch empfunden, während sich der MCA_2 im Mittelfeld wiederfindet.

In Abbildung 6.6 sind die Auswertungen der drei getesteten MCA zusammengefasst. Die dabei betrachteten Fragestellungen sind in Tabelle 6.3 dargestellt. Unter A sticht deutlich der Realitätsgrad des neu entwickelten adaptiven MCA_1 heraus, wohingegen sich die beiden anderen Algorithmen in Waage halten. Beinahe alle Probanden wünschen sich für zukünftige Studien genau

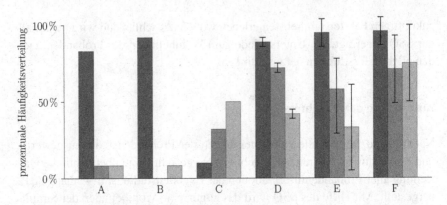

Abbildung 6.6: Auswertung der Expertenstudie bzgl. des adaptiven MCA_1
(■), des bestehenden MCA_2 am Stuttgarter Fahrsimulator
aus [86] (■) und des nichtlinearen Washouts MCA_3 (■)

diesen Algorithmus (B). Außerdem wurde die in dieser Arbeit vorgestellte Vorsteuerung positiverweise von lediglich zwei Probanden leicht festgestellt. Dagegen war die Vorsteuerung der anderen Algorithmen teilweise deutlich spürbar (C). Weiterhin ist unter D erkennbar, dass die Bewegungswahrnehmung
nach der Fragestellung von *van der Laan* bei dem MCA_1 am angenehmsten
empfunden wird. Der MCA_2 schneidet hier ebenfalls relativ gut ab, was auf die
niederfrequente Nickbewegung zurückzuführen ist. Dagegen wird der MCA_3
von den meisten Probanden als unangenehm empfunden. Gründe liegen insbesondere in den abrupten Bewegungen, welche kurz nach Beschleunigungs-
bzw. Verzögerungsanregungen auftreten.

Bei der Direktbefragung zu den jeweiligen MCA auf die wahrgenommene
Kippbewegung des Hexapods schneidet der adaptive MCA_1 am besten ab (E).
Dies ist auf die unterschiedliche Dynamik bei Beschleunigungs- und Verzögerungsvorgängen zurückzuführen. Aber auch die deutlich geringeren Kippbewegungen sind von einem Großteil der Testfahrer erwünscht. Weiterhin ist
ersichtlich, dass die Nickbewegungen des MCA_2 und MCA_3 identisch sind, jedoch unterschiedlich wahrgenommen werden. Das zeigt deutlich, dass das Zusammenspiel des Hexapods und der Schlittendynamik eine große Auswirkung
auf den Fahrer hat. Der MCA_3 weist eine deutlich höhere Schlittendynamik
auf und wird deswegen als realistisch, jedoch nicht als angenehm empfunden.

Tabelle 6.3: Zugehörigkeit der ausgewerteten Expertenstudie aus Abb. 6.6

Nr.	FB	Bedeutung
A	FB7.2	Realitätsgrad der MCA
B	FB7.6	zukünftig gewünschter MCA
C	FB4.3, FB5.3, FB6.3	Vorsteuerung wahrgenommen
D	FB4.1, FB4.6, FB5.1, FB5.6, FB6.1, FB6.6	angenehme Wahrnehmung des MCA nach *van der Laan*
E	FB4.2, FB5.2, FB6.2	angenehme Wahrnehmung des Kippverhaltens des Hexapods
F	FB4.4, FB5.4, FB6.4	Unterschiede in Beschleunigungs- und Verzögerungsverläufen konnten wahrgenommen werden

Weiterhin können beim adaptiven MCA_1 unterschiedliche Beschleunigungs- bzw. Verzögerungsamplituden deutlich wahrgenommen werden (F). Damit ist die Wahrnehmung von leichten zu starken Beschleunigungen gemeint und diese Unterschiedlichkeit wird durch die Adaptivität des SAA gewährleistet.

Nachfolgend soll ein direkter Bezug zwischen den drei Algorithmen hergestellt werden (FB4.5, FB5.5, FB6.5). Ausschlaggebend ist die unterschiedliche Wahrnehmung der Probanden in Abhängigkeit der permutierten Reihenfolge. Dadurch soll aufgezeigt werden, inwiefern sich die Algorithmen in ihrem Realitätsgrad unterscheiden. Der direkte Vergleich der drei MCA ist in Abbildung 6.7 zu sehen. Der zuerst gefahrene MCA ist auf der x-Achse dargestellt, während der unmittelbar darauffolgende MCA auf der y-Achse aufgetragen ist. Die subjektive Wahrnehmung wird durch nachfolgende Summenbildung operationalisiert: Die Versuchsperson nimmt keine Änderung wahr (0), nimmt eine leichte Verbesserung/Verschlechterung wahr ($\pm 0,3$), nimmt eine deutliche Verbesserung/Verschlechterung wahr ($\pm 0,7$), nimmt eine sehr deutliche Verbesserung/Verschlechterung wahr ($\pm 1,0$). Die stärkste wahrgenommene Verbesserung ist bei einem direkten Vergleich von MCA_3 zu MCA_1 zu erkennen. Aber auch von MCA_2 zu MCA_1 wird eine deutliche Verbesserung wahrgenommen. Wird zuerst der MCA_1 und nachfolgend der MCA_2 bzw. MCA_3 gefahren, ist eine ähnlich stark ausgeprägte Verschlechterung zu sehen. Tendenziell wurde der MCA_2 gegenüber dem MCA_3 als realistischer empfunden. Einer der

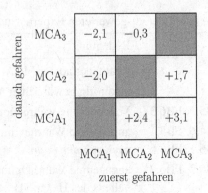

Abbildung 6.7: Direkter Vergleich aller drei getesteten MCA aus der Expertenstudie

Hauptgründe ist, dass der MCA_3 teilweise zu starke translatorische Bewegungen abfährt und als zu abrupt empfunden wird. Der Abschlussruck nach einer Vollbremsung wird von dem Großteil der Versuchsfahrer bei MCA_2 am realistischsten empfunden. Dies liegt an dem weichen Ausklingen des am Ende noch vorherrschenden Nickwinkels.

Insgesamt kann bei der subjektiven Untersuchung durch die Expertenstudie konstatiert werden, dass der Realitätsgrad und die damit verbundene Wahrnehmung bei dem MCA_1 am angenehmsten empfunden wird. Darauf folgt der MCA_2, welcher jedoch insbesondere in der Kippbewegung als weniger realistisch empfunden wird. Der MCA_3 wird von allen drei Algorithmen am unangenehmsten empfunden. Insbesondere das Zusammenspiel von Hexapod und Schlitten kommt hierbei nicht optimal zur Geltung.

6.2 Diskussion der Ergebnisse

Im Folgenden soll der Zusammenhang zwischen der oben durchgeführten objektiven und subjektiven Studie kurz diskutiert werden. Der in dieser Arbeit entwickelte SAA sollte im ersten Schritt objektiv auf seine Eigenschaften untersucht werden. Dazu wurden einerseits sechs Manöver und andererseits eine

Versuchsfahrt definiert. Mit der physikalischen Betrachtung des RMSE und der Fehlerbetrachtung konnten quantitative Aussagen getroffen werden. Im zweiten Schritt sollte der SAA mit Hilfe einer Expertenstudie subjektiv bewertet werden. Basierend auf der Erfahrung der Probanden ist davon auszugehen, dass die Beurteilung der wahrgenommenen MCA als realistisch angesehen werden kann. Hierbei lag die Gewichtung darauf, qualitative Aussagen treffen zu können. Alle Untersuchungen basieren auf dem direkten Vergleich zweier weiterer am Stuttgarter Fahrsimulator umgesetzten MCA.

Die objektive Untersuchung hat gezeigt, dass der MCA_1 deutlich geringere Fehler impliziert, als dies bei dem MCA_2 und MCA_3 der Fall ist. Dies macht nochmals deutlich, wie wichtig die Umschaltung von adaptiven Filterparametern ist. Bei einem Vergleich der beiden Algorithmen MCA_2 und MCA_3 sind bezüglich Fehleranfälligkeit keine großen Unterschiede erkennbar.

Bei der subjektiven Studie wurde der adaptive MCA_1 am realistischsten empfunden. Besonders weist der Hexapod ein geringeres kinematisches Kippverhalten auf und kann sich den Fahrszenarien dynamisch anpassen. Außerdem wurden sowohl die Umschaltungen als auch die flachheitsbasierte Vorsteuerung des SAA von den Probanden nicht wahrgenommen. Dadurch hat sich die Akzeptanz für adaptive MCA stark erhöht, sodass der SAA für weitere Studien am Stuttgarter Fahrsimulator von den Probanden explizit erwünscht ist. Bei einem Vergleich mit den anderen beiden MCA, wurde der MCA_2 überwiegend angenehmer empfunden als der MCA_3. Dies zeigt wiederum, dass bei der Untersuchung von MCA eine einseitige Betrachtung nicht ausreichend ist. Vielmehr ist eine Untersuchung aus mehreren Blickwinkeln (objektiv als auch subjektiv) zu empfehlen.

Die Ergebnisse der objektiven und subjektiven Analyse decken sich insofern, dass der adaptive MCA_1 am realistischsten ist. Dies belegt, dass der in dieser Arbeit vorgestellte Algorithmus bezüglich Realitätsgrad und Zusammenspiel von Hexapod und Schlitten eine deutliche Verbesserung vorweisen kann.

Schlussendlich bleibt nochmals zu erwähnen, dass ein MCA dazu dient, Signale möglichst realistisch an den Fahrer zu übertragen. Es können jedoch die Eingangssignale nie vollständig an den Simulator übermittelt werden. Das ist der Grund, warum bei allen MCA immer im bestimmten Maße falsche und fehlende Motion-Cues erzeugt werden. Da diese Fehler nicht vollständig vermeidbar sind, gilt es, diese bestmöglichst zu minimieren. Für den in dieser Arbeit vorgestellten SAA konnte ein klarer Akzeptanzgewinn nachgewiesen werden. Dies kann in weiterem Maße dazu beitragen, den Nutzen und die Befürwortung von adaptiven MCA zu erhöhen.

7 Schlussfolgerung und Ausblick

In der Industrie werden zunehmend Fahrsimulatoren eingesetzt. Dadurch können im Bereich der Forschung und Vorentwicklung nicht nur Kosten eingespart, sondern auch aussagekräftige Entscheidungen für zukünftige Entwicklungswege getroffen werden. Dabei dienen Motion-Cueing-Algorithmen der Bewegungswahrnehmung in vollbeweglichen Simulatoren. Die Anforderung bestand darin, Algorithmen aus der Literatur zu untersuchen, um darauf aufbauend einen neuartigen Algorithmus zu entwickeln, der möglichst viele Vor- und wenige Nachteile der bestehenden Algorithmen in sich vereint. Es hat sich dabei herausgestellt, dass insbesondere adaptive Algorithmen einen großen Realitätsgrad aufweisen, in bisherigen Anwendungen jedoch nur Arbeitsraumbeschränkungen oder spezielle Straßenabschnitte berücksichtigen.

Basierend auf diesen Erkenntnissen wurde ein adaptiver Algorithmus entwickelt, der sich an fahrdynamischen Szenarien orientiert und sich während der Laufzeit anpassen kann. Da Motion-Cueing-Algorithmen hauptsächlich Beschleunigungssignale des Fahrzeugs verarbeiten, wurde das fahrdynamische Verhalten einer Realfahrstudie untersucht und typisiert. Es konnte gezeigt werden, dass sich fahrdynamische Szenarien in hauptsächlich drei stattfindende Kategorien aufteilen: Die Normalfahrt, den Beschleunigungs- und den Verzögerungsvorgang. Die beiden letzteren Vorgänge konnten weiterhin in die Kategorien Beschleunigung aus dem Stand bzw. aus der Fahrt und Verzögerung in den Stand bzw. in die Fahrt aufgeteilt werden. Diese Kategorisierung wurde durch unterschiedliche Schwellwerte klassifiziert. Mit Hilfe dieser Erkenntnisse wurde ein szenarienadaptiver Motion-Cueing-Algorithmus (SAA, engl. scenario-adaptive algorithm) entworfen, der alle diese Typisierungen berücksichtigt. Der SAA kann sein Verhalten zur Laufzeit ändern und sich somit den fahrdynamischen Szenarien anpassen. Die Anpassung geschieht flachheitsbasiert, sodass für den Fahrer keine Rucke oder anderen Artefakte spürbar sind. Nur so kann eine realitätsnahe Bewegungssimulation gewährleistet werden.

© Springer Fachmedien Wiesbaden GmbH, ein Teil von Springer Nature 2020
T. Miunske, *Ein szenarienadaptiver Bewegungsalgorithmus für die Längsbewegung eines vollbeweglichen Fahrsimulators*, Wissenschaftliche Reihe Fahrzeugtechnik Universität Stuttgart, https://doi.org/10.1007/978-3-658-30470-6_7

Damit der SAA zu seiner vollen Entfaltung kommen kann, wurde zum einen eine dynamische Signalaufteilung zwischen Hexapod und Schlitten entworfen, um die Signale möglichst optimal aufzuteilen. Zum anderen wurde eine flachheitsbasierte Vorsteuerung entwickelt, die das Schlittensystem geeignet vorpositioniert. Dazu werden sowohl entsprechende Fahrzeugdaten als auch prädiktive Daten der ADAS-Simulation verwendet. So konnte der SAA bezüglich seiner kinematischen Beschränkungen und der Grenzen des Arbeitsraumes so weit wie möglich ausgereizt werden.

Schlussendlich wurde der vorgestellte SAA sowohl objektiv als auch subjektiv vergleichsweise mit zwei weiteren Motion-Cueing-Algorithmen auf seine Eigenschaften hin untersucht. Die objektive Untersuchung ergab eine deutliche Verbesserung durch den SAA bezüglich der mittleren Fehlerabweichung und der maximalen Fehlerbetrachtung. Die subjektive Untersuchung konnte den gestiegenen Realitätsgrad bestätigen und eine deutliche Verbesserung in der Bewegungswahrnehmung belegen. Insbesondere das Zusammenspiel von Hexapod und Schlittensystem und die damit einhergehende Unterscheidung unterschiedlicher Signalanregungen wurde als positiv bewertet. Zudem konnte bei dem SAA positiverweise keine Vorsteuerung mehr wahrgenommen werden.

Im Blick auf die weitere Forschung sei die Elektrifizierung des Automobils erwähnt. So könnten weitere Untersuchungen zu den Beschleunigungsschwellwerten bei E-Fahrzeugen durchgeführt werden, da die Untersuchung der Probandenstudie in der vorliegenden Arbeit auf dem Beschleunigungsverhalten von Fahrzeugen mit Verbrennungsmotoren basiert. Dadurch würden insbesondere die Schwellwerte für E-Fahrzeuge bestätigt bzw. neu definiert werden.

Bei der Auslegung des ereignisdiskreten Systems der Tilt-Coordination und des Schlittens könnten insbesondere ADAS-Daten mit berücksichtigt werden. Dadurch können die Filterkoeffizienten im Voraus für die fahrdynamischen Szenarien eingestellt werden. Jedoch muss berücksichtigt werden, dass derartige Szenarien nur mit gewissen Wahrscheinlichkeiten auftreten.

Der bestehende SAA könnte auch für die Querdynamikbewegung ausgelegt werden. Dadurch wären insbesondere aufgrund der klaren Trennung unterschiedlicher Fahrmanöver eine noch genauere Signaleinteilung für den Hexapod und Schlitten möglich.

Nicht zuletzt seien hier noch automatisierte Fahrzeuge erwähnt, welche in den letzten Jahren stark zugenommen haben. Diese weisen festgelegte Beschleunigungs- bzw. Verzögerungsverläufe auf, welche nicht nur auf sicherheitsrelevanten, sondern auch auf fahrstrategischen Informationen basieren. Diese normierten reproduzierbaren Verläufe könnten direkt in die Fahrsimulation übertragen werden. Können SAA bei dieser Entwicklung in der Automobilindustrie zu einem Realitätszuwachs beitragen, wird auch der Nutzen und die Akzeptanz von vollbeweglichen Fahrsimulatoren ansteigen.

Literaturverzeichnis

[1] ABELE, S.: *Entwurf einer Vorsteuerung für einen Motion-Cueing-Algorithmus am Stuttgarter Fahrsimulator*. Institut für Verbrennungsmotoren und Kraftfahrwesen, Lehrstuhl für Kraftfahrzeugmechatronik, Universität Stuttgart, Pfaffenwaldring 12, 70569 Stuttgart, Germany: , Oktober 2018. – Bachelorarbeit

[2] ALLERTON, D.: *Principles of Flight Simulation*. 1. Edition. New York : John Wiley & Sons, 2009. – ISBN 978-0-470-68219-7

[3] AUGUSTO, B.: *Motion Cueing in the Chalmers Driving Simulator: A Model Predictive Control Approach*, Chalmers University of Technology, Diplomarbeit, 2009

[4] AYKENT, B. ; MERIENNE, F. ; GUILLET, C. ; PAILLOT, D. ; KEMENY, A.: Motion sickness evaluation and comparison for a static driving simulator and a dynamic driving simulator. In: *Proceedings of the Institution of Mechanical Engineers Part D Journal of Automobile Engineering* (2014), 06

[5] BAARSPUL, M.: *Flight Simulation Techniques with Emphasis on the Generation of High Fidelity 6 DOF Motion Cues*. Delft : Delft University of Technology, 1986

[6] BACHMANN, E.: Die Klothoide als Übergangskurve im Strassenbau. In: *Schweizerische Zeitschrift für Vermessung, Kulturtechnik und Photogrammetrie* 49 (1951), Nr. 6

[7] BALZERT, H.: *Lehrbuch der Softwaretechnik: Basiskonzepte und Requirements Engineering*. 3. Aufl. Berlin Heidelberg New York : Springer-Verlag, 2010. – ISBN 978-3-827-42247-7

[8] BAUMANN, G.: Stuttgart Driving Simulator - Interactive Test Drives close to Reality. In: *Research Institute for Automotive Engineering and Vehicle Engines Stuttgart* (2012)

© Springer Fachmedien Wiesbaden GmbH, ein Teil von Springer Nature 2020
T. Miunske, *Ein szenarienadaptiver Bewegungsalgorithmus für die Längsbewegung eines vollbeweglichen Fahrsimulators*, Wissenschaftliche Reihe Fahrzeugtechnik Universität Stuttgart, https://doi.org/10.1007/978-3-658-30470-6

[9] BAUMANN, G. ; RIEMER, T. ; LIEDECKE, C. ; RUMBOLZ, P. ; SCHMIDT, A. ; PIEGSA, A.: The New Driving Simulator of Stuttgart University. In: *12th International Stuttgart Symposium* (2012)

[10] BAUMANN, G. ; RUMBOLZ, P. ; PITZ, J. ; REUSS, H.-C.: Virtuelle Fahrversuche im neuen Stuttgarter Fahrsimulator. In: *IAV-Tagung: Simulation und Test für die Automobilelektronik*. Berlin, 2012

[11] BENSON, A. J. ; HUTT, E. C. ; BROWN, S. F.: Thresholds for the perception of whole body angular movement about a vertical axis. In: *Aviation, Space and Environmental Medicine* 60 (1989), März, S. 205–213

[12] BERTOLLINI, G. ; GLASE, Y. ; SZCZERBA, J. ; WAGNER, R.: The Effect of Motion Cueing on Simulator Comfort, Perceived Realism, and Driver Performance during Low Speed Turning. In: *Proceedings of the Driving Simulator Conference*. Paris, 2014

[13] BLERVAQUE, V. ; MEZGER, K. ; BEUK, L. ; LOEWENAU, J. ; VALLDORF, J. (Hrsg.) ; GESSNER, W. (Hrsg.): *ADAS Horizon - How Digital Maps can contribute to Road Safety*. Berlin, Heidelberg : Springer, 2006 (Advanced Microsystems for Automotive Applications 2006. VDI-Buch.)

[14] BONEV, I.: The True Origins of Parallel Robots. In: *ParalleMIC - The Parallel Mechanisms Information Center* (2003), Januar

[15] BOSCH REXROTH B.V.: *8 DOF Motion System - System Description*. NL-5280 AA Boxtel - The Netherlands: , May 2010

[16] BOSCH REXROTH B.V.: *System & Engineering, 8-DOF Motion System, Host Computer Interface*. NL-5280 AA Boxtel - The Netherlands: , Januar 2010

[17] BREMS, W.: *Querdynamische Eigenschaftsbewertung in einem Fahrsimulator*. 1. Aufl. Berlin Heidelberg New York : Springer-Verlag, 2018. – ISBN 978-3-658-22787-6

[18] BRUSCHETTA, M. ; MARAN, F. ; CENDESE, C. ; BEGHI, A. ; MINEN, D.: An MPC-Based Motion Cueing implementation with Time-Varying

Prediction and driver skills characterization. In: *Proceedings of the Driving Simulator Conference*. Paris, France, 2016

[19] BUGATTI AUTOMOBILES S.A.S.: *BUGATTI VEYRON 16.4.* – URL https://www.bugatti.com/de/veyron/veyron-164/. – Zugriffsdatum: 26.02.2019

[20] CONCURRENT REAL-TIME: *Guaranteed High-Performance Real-Time Solutions.* – URL https://www.concurrent-rt.com/. – Zugriffsdatum: 04.04.2019

[21] CONZETT, R.: Klothoide und kubische Parabel. In: *Schweizerische Zeitschrift für Vermessung, Kulturtechnik und Photogrammetrie* 49 (1951), Nr. 9

[22] DAGDELEN, M. ; REYMOND, G. ; KEMENY, A.: MPC based Motion-Cueing-Algorithm - Development and Application to the ULTIMATE Driving Simulator. In: *Proceedings of the Driving Simulator Conference*. Paris, France, September 2004

[23] DAGDELEN, M. ; REYMOND, G. ; KEMENY, A. ; BORDIER, M. ; MAÏZI, N.: Model-based predictive motion cueing strategy for vehicle driving simulators. In: *Control Engineering Practice* 17 (2009), 09, S. 995–1003

[24] DIN ISO 8855: Straßenfahrzeuge - Fahrzeugdynamik und Fahrverhalten. In: *DIN-Normenausschuss Automobiltechnik (NAAutomobil)* (2013), November

[25] DREXLER, J. M.: Identification of System design features that affect sickness in virtual environments. In: *Department of Industrial Engineering and Management Systems in the College of Engineering and Computer Science at the University of Central Florida, Orlando, Florida* (2006)

[26] DÖRNER, R. ; BROLL, W. ; GRIMM, P. ; JUNG, B.: *Virtual und Augmented Reality (VR / AR) - Grundlagen und Methoden der Virtuellen und Augmentierten Realität*. 2013. Aufl. Berlin Heidelberg New York : Springer-Verlag, 2014. – ISBN 978-3-642-28903-3

[27] DROP, F. M. ; OLIVARI, M. ; KATLIAR, M. ; BÜLTHOFF, H. H.: Model Predicitve Motion Cueing: Online Prediction and Washout Tuning. In: *Proceedings of the Driving Simulator Conference.* Antibes, France, 2018

[28] DSPACE: *digital signal processing and control engineering GmbH.* – URL https://www.dspace.com/de/gmb/home.cfm. – Zugriffsdatum: 04.03.2019

[29] DUPUIS, M.: *Style Guide For OpenDRIVE® Databases.* 83043 Bad Aibling, Germany: VIRES Simulationstechnologie GmbH (Veranst.), März 2014

[30] DUPUIS, M.: *Format Specification, Rev. 1.4.* 83043 Bad Aibling, Germany: VIRES Simulationstechnologie GmbH (Veranst.), November 2015

[31] EICKER, S.: *Automatentheorie.* Enzyklopädie der Wirtschaftsinformatik Online-Lexikon. September 2014. – URL https://www.enzyklopaedie-der-wirtschaftsinformatik.de/lexikon/technologien-methoden/Informatik-Grundlagen/Automatentheorie. – Zugriffsdatum: 2020-01-29

[32] FAHRENBERG, J. ; KLEIN, C. ; PEPER, M. ; ZIMMERMANN, P.: *Versuchsplanung: Von der Fragestellung zur empirisch prüfbaren Hypothese.* Psychologisches Institut der Universität Freiburg, 2000

[33] FANG, Z. ; TSUSHIMA, M. ; KITAHARA, E. ; MACHIDA, N. ; WAUTIER, D. ; KEMENY, A.: Fast MPC based motion cueing algorithm for a 9DOF driving simulator with yaw table. In: *Proceedings of the Driving Simulator Conference.* Stuttgart, Deutschland, 2017

[34] FERNÁNDEZ, C. ; GOLDBERG, J.: Physiology of Peripheral Neurons Innervating Otolith Organs of the Squirrel Monkey. I. Response to Static Tilts and to Long-Duration Centrifugal Force. In: *Journal of neurophysiology* 39 (1976), 10, S. 970–984

[35] FISCHER, M.: Motion-Cueing-Algorithmen für eine realitätsnahe Bewegungssimulation. In: *Berichte aus dem DLR-Institut für Verkehrssystemtechnik* 5 (2009), 09

[36] FKFS (FORSCHUNGSINSTITUT FÜR KRAFTFAHRZEUGE UND FAHRZEUGMOTOREN STUTTGART) ; BAUMANN, G. (Hrsg.): *Stuttgart-Rundkurs.* – URL http://www.fkfs.de/kraftfahrzeugmechatronik/leistungen/kundenrelevanter-fahrbetrieb/stuttgart-rundkurs/. – Zugriffsdatum: 22.11.2018

[37] FLEMISCH, Frank ; KELSCH, Johann ; LÖPER, Christian ; SCHIEBEN, Anna ; SCHINDLER, Julian: Automation spectrum, inner / outer compatibility and other potentially useful human factors concepts for assistance and automation. In: *Human Factors for Assistance and Automation*, 2008, S. 257–272

[38] FLIESS, M. ; LÉVINE, J. ; MARTIN, P. ; ROUCHON, P.: On differentially flat nonlinear systems. In: *Nonlinear Control Systems Design*. Bordeaux, France : IFAC Symposia Series, Juni 1992, S. 159–163

[39] FLIESS, M. ; LÉVINE, J. ; MARTIN, P. ; ROUCHON, P.: Flatness and defect of non-linear systems: introductory theory and examples. In: *International Journal of Control* 61 (1995), Nr. 6, S. 1327–1361

[40] GOLDBERG, J. M. ; FERNANDEZ, C.: Physiology of peripheral neurons innervating semicircular canals of the squirrel monkey. I. Resting discharge and response to constant angular accelerations. In: *Journal of neurophysiology* 34 4 (1971), S. 635–660

[41] GOUGH, V. E.: Contribution to discussion of papers on research in Automobile Stability, Control and Tyre performance. In: *Proc. Auto Div. Inst* (1956), S. 392–394

[42] GRAF V. WESTPHALEN, G.: *Organ - Körperteil.* – URL https://flexikon.doccheck.com/de/Organ. – Zugriffsdatum: 25.02.2019

[43] GRAICHEN, K.: *Systemtheorie - Theorie linearer Regelsysteme.* Ulm Universität : Institut für Mess-, Regel- und Mikrotechnik - Fakultät für Ingenieurwissenschaften und Informatik, 2012

[44] GRANT, P. ; ARTZ, B. ; BLOMMER, M. ; CATHEY, L. ; GREENBERG, J.: A Paired Comparison Study of Simulator Motion Drive Algorithms. In:

Proceedings of the Driving Simulator Conference Europe. Paris, France, September 2002

[45] GRANT, P. ; CLARK, A.: Motion Drive Algorithm Development for a Large Displacement Simulator Architecture with Redundant Degrees of Freedom. In: *Proceedings of the Driving Simulator Conference Asia/Pacific*. Tsukuba, Japan, 2006

[46] GRANT, P. ; NASERI, A.: Actuator State Based Adaptive Motion Drive Algorithm. In: *Driving Simulator Conference North America* (2005), 01

[47] GRANT, P. ; REID, L. D.: Motion Washout Filter Tuning: Rules and Requirements. In: *Journal of Aircraft - J AIRCRAFT* 34 (1997), 03, S. 145–151

[48] GRANT, P. R.: *The Development of a Tuning Paradigm for Flight Simulator Motion Drive Algorithms*. Toronto, Ont., Canada, Canada : Thesis (Ph.D.), University of Toronto, 1996. – ISBN 978-0-612-11732-7

[49] GROEN, J. J. ; JONGKEES, L. B. W.: The threshold of angular acceleration perception. In: *The Journal of Physiology* 107 (1948), Nr. 1, S. 1–7

[50] HOSMAN, R. J. A. W. ; VAN DER VAART, J. C.: Vestibular models and thresholds of motion perception. Results of tests in a flight simulator. In: *Report LR-265* (1978), April

[51] INSTITUT FÜR QUALITÄT UND WIRTSCHAFTLICHKEIT IM GESUNDHEITSWESEN (IQWiG): *Der Menschliche Körper - Wie funktiniert das Gleichgewichtssinn?*. – URL https://www.gesund heitsinformation.de/wie-funktioniert-der-gleich gewichtssinn.2253.de.html. – Zugriffsdatum: 20.02.2019

[52] IPG AUTOMOTIVE GMBH: *CarMaker: Virtual testing of automobiles and light-duty vehicles*. – URL https://ipg-au"to"motive.com/products-services/simulationsoft ware/carmaker/. – Zugriffsdatum: 04.03.2019

[53] IPG AUTOMOTIVE GMBH: *Xpack4: Scalable, reliable and powerful real-time system solutions.* – URL https://ipg-au tomotive.com/products-services/real-time-hard ware/xpack4-technology/. – Zugriffsdatum: 04.03.2019

[54] JAEGER, B. ; MOURANT, R.: Comparison of Simulator Sickness Using Static and Dynamic Walking Simulators. In: *Proceedings of the Human Factors and Ergonomics Society Annual Meeting* 45 (2001), 10

[55] JAMSON, A. H. J. ; UNIVERSITY OF LEEDS (Hrsg.): *Motion cueing in driving simulators for research applications.* The University of Leeds, Faculty of Environment, Institute for Transport Studies, 2010

[56] KEHRER, M. ; BAUMANN, G. ; PITZ, J.: *Virtual Experiments for the Interactive Test of Highly Automated Driving Functions.* 3rd Symposium Driving Simulation. November 2017. – Braunschweig

[57] KEMENY, A.: Driving simulation for virtual testing and perception studies. In: *Proceedings of the Driving Simulator Conference.* Monte-Carlo, France, 2009

[58] KIESE-HIMMEL, C.: *Taktil-kinästhetische Störung.* Göttingen : Hogrefe, Verlag für Psychologie, 1998. – ISBN 978-3-801-71139-9

[59] KINGMA, H.: Thresholds for perception of direction of linear acceleration as a possible evaluation of the otolith function. In: *BMC Ear Nose Throat Disord, BioMed Central* 5 (2005), Juni, Nr. 1

[60] KIRDEIKIS, J.: Evaluation of nonlinear motion-drive algorithms for flight simulators. In: *University of Toronto, UTIAS Technical Note 272* (1989)

[61] KOCH, A. ; CASCORBI, I. ; WESTHOFEN, M. ; DAFOTAKIS, M. ; KLAPA, S. ; KUHTZ-BUSCHBECK, J. P.: See- und Reisekrankheit - Therapeutische Strategien und neurophysiologische Aspekte der Kinetosen. In: *Deutsches Ärzteblatt* (2018), Oktober, Nr. 115, S. 687–696

[62] KORIES, R. R. ; SCHMIDT-WALTER, H.: *Taschenbuch der Elektrotechnik : Grundlagen und Elektronik.* 10. Aufl. Europa Lehrmittel, 2013. – ISBN 978-3-808-55669-6

[63] KRAMER, U.: *Fahrzeugkybernetik: Modellbildung und Simulation in der Fahrzeugtechnik.* Fachhochschule Bielefeld, Fachbereich Elektrotechnik und Informationstechnik, 2006 (Schriften aus Lehre und Forschung). – ISBN 978-3-923-21666-6

[64] LAW, J. ; RENNIE, R.: *A Dictionary of Physics.* New York : Oxford University Press, 2015. – ISBN 978-0-198-71474-3

[65] LEHMANN, J.: *Analyse der Wahrnehmung von Fahrzeuglängsbewegungen bezüglich eines vollbeweglichen Fahrsimulators.* Institut für Verbrennungsmotoren und Kraftfahrwesen, Lehrstuhl für Kraftfahrzeugmechatronik, Universität Stuttgart, Pfaffenwaldring 12, 70569 Stuttgart, Germany: , April 2018. – Bachelorarbeit

[66] LIAO, C.-S. ; HUANG, C.-F. ; CHIENG, W.-H.: A Novel Washout Filter Design for a Six Degree-of-Freedom Motion Simulator. In: *Jsme International Journal Series C-mechanical Systems Machine Elements and Manufacturing - JSME INT J C* 47 (2004), 06, S. 626–636

[67] LORENZ, T.: *Implementierung, Test und Bewertung eines zeitvarianten Algorithmus zur Ansteuerung einer Bewegungsplattform*, Universität Braunschweig - Institut für Regelungs- und Steuerungstheorie, Diplomarbeit, 2008

[68] LORENZ, T. ; JASCHKE, K.: Motion Cueing Algorithm Online Parameter Switching in a Blink of an Eye-A Time-Variant Approach. In: *Proceedings of the Driving Simulation Conference Europe* Bd. 11, 12 2011. – ISBN 978-2-85782-685-9

[69] LUNZE, J.: *Regelungstechnik 1 - Systemtheoretische Grundlagen, Analyse und Entwurf einschleifiger Regelungen.* Berlin Heidelberg New York : Springer-Verlag, 2013. – ISBN 978-3-662-09722-9

[70] LYAPUNOV, A. M.: Stability of Motion. In: *Academic Press, London* (1966)

[71] MALCOLM, R. ; MELVILL JONES, G.: A Quantitative Study of Vestibular Adaptation in Humans. In: *Acta Oto-Laryngologica* 70 (1970), Nr. 2, S. 126–135

[72] MAYNE, R.: A Systems Concept of the Vestibular Organs. In: *Handbook of Sensory Physiology, Vestibular Systems* (1974), 02, S. 493–580

[73] MAYRHOFER, M. ; LANGWALLNER, B. ; SCHLÜSSELBERGER, R. ; BLES, W. ; WENTINK, M.: An Innovative Optimal Control Approach for the Next Generation Simulator Motion Platform DESDEMONA. In: *AIAA Modeling and Simulation Technologies Conference*. Hilton Head, SC, USA, 08 2007, S. 1–14. – ISBN 978-1-62410-160-1

[74] MENCHE, N.: *Biologie Anatomie Physiologie*. 8. Aufl. Urban & Fischer Verlag/Elsevier GmbH, 2016. – ISBN 978-3-437-26803-8

[75] MEURER, T.: *Analyse und Regelung linearer, zeitvarianter Systeme*. Lehrstuhl für Regelungstechnik, Universität Kiel, 2018

[76] MITSCHKE, M. ; WALLENTOWITZ, H.: *Dynamik der Kraftfahrzeuge*. 5. Aufl. Berlin Heidelberg New York : Springer-Verlag, 2014. – ISBN 978-3-658-05068-9

[77] MIUNSKE, T. ; HOLZAPFEL, C. ; BAUMGARTNER, E. ; REUSS, H.-C.: A new Approach for an Adaptive Linear Quadratic Regulated Motion Cueing Algorithm for an 8 DoF Full Motion Driving Simulator. In: *International Conference on Robotics and Automation (ICRA), IEEE*. Montréal, Canada, Mai 2019

[78] MIUNSKE, T. ; HOLZAPFEL, C. ; KEHRER, M. ; BAUMGARTNER, E. ; REUSS, H.-C.: Event Discrete Flatness based Feed-Forward Control for a Full-Motion Driving Simulator based on ADAS Data. In: *Proceedings of the Driving Simulator Conference*. Strasbourg, France, September 2019

[79] MIUNSKE, T. ; KEHRER, M. ; HOLZAPFEL, C. ; BAUMANN, G. ; REUSS, H.-C.: A new concept for an adaptive motion cueing algorithm concerning vehicle dynamic scenarios with event-discrete feed-forward control. In: *4th Symposium Driving Simulation*. Kaiserslautern, Germany, November 2018

[80] MIUNSKE, T. ; PITZ, J. ; JANEBA, A. ; REUSS, H.-C.: Error minimizing motion cueing algorithm based on adaptive tilt coordination for longitu-

dinal movements. In: *Proceedings of the Driving Simulator Conference.* Antibés, France, September 2018

[81] NAHON, M. A. ; REID, L. D.: Simulator Motion-drive Algorithms - A Designer's Perspective. In: *Journal of Guidance, Control and Dynamics* 13 (1990), März, Nr. 2, S. 356–362

[82] NEGELE, J.: *Anwendungsgerechte Konzipierung von Fahrsimulatoren für die Fahrzeugentwicklung.* Universität München, 2007

[83] NESTI, A. ; MASONE, C. ; BARNETT-COWAN, M. ; GIORDANO, P. R. ; BÜLTHOFF, H. H. ; PRETTO, P.: Roll rate thresholds and perceived realism in driving simulation. In: *Proceedings of the Driving Simulation Conference 2012* (2012), September. – Paris, France

[84] PANARDO, I.: Stability of periodic systems and Floquet Theory. In: *University of Padova* (2015)

[85] PARRISH, R. V. ; DIEUDONNE, J. E. ; MARTIN JR., D. J.: Coordinated Adaptive Washout for Motion Simulators. In: *Journal of Aircraft* 12 (1975), Nr. 1, S. 44–50

[86] PITZ, J.-O.: *Vorausschauender Motion-Cueing-Algorithmus für den Stuttgarter Fahrsimulator.* 1. Aufl. Berlin Heidelberg New York : Springer-Verlag, 2017. – ISBN 978-3-658-17033-2

[87] PLASSMANN, W. ; SCHULZ, D.: *Handbuch Elektrotechnik - Grundlagen und Anwendungen für Elektrotechniker.* 6. Aufl. Berlin Heidelberg New York : Springer-Verlag, 2013. – ISBN 978-3-834-82071-6

[88] REID, L. D. ; NAHON, M. A.: Flight simulation motion-base drive algorithms: part 1. Developing and testing equations. In: *UTIAS Report 296* (1985), December

[89] REYMOND, G. ; KEMENY, A.: Motion Cueing in the Renault Driving Simulator. In: *Vehicle System Dynamics* 34 (2000), Nr. 4, S. 249–259

[90] RIEKERT, P. ; SCHUNCK, T. E.: *Zur Fahrmechanik des gummibereiften Kraftfahrzeugs - Bericht aus d. Forschungsinst. f. Kraftfahrwesen u. Fahrzeugmotoren an d. Techn. Hochsch. Stuttgart.* Stuttgart : Wirtschaftsgr. Fahrzeugindustrie, 1940

[91] ROTHERMEL, T.: *Ein Assistenzsystem für die sicherheitsoptimierte Längsführung von E-Fahrzeugen im urbanen Umfeld.* 1. Aufl. Berlin Heidelberg New York : Springer-Verlag, 2018. – ISBN 978-3-658-23337-2

[92] RUMBOLZ, P.: Der neue Stuttgarter Fahrsimulator. In: *18. Esslinger Forum für Kfz- Mechatronik* (2012), November

[93] SAE J670: Vehicle Dynamics Terminology J670_200801. In: *SAE International* (2008), Januar

[94] SAMMET, T.: *Motion-Cueing-Algorithmen für die Fahrsimulation.* 1. Aufl. Düsseldorf : VDI-Verlag, 2007. – ISBN 978-3-183-64312-7

[95] SCHEFFMANN, M. ; MIUNSKE, T. ; REUSS, H.-C.: Virtual Powertrain Calibration at the Stuttgart Driving Simulator. In: *Journal of Tongji University - 4th Shanghai-Stuttgart-Symposium*, 2019

[96] SCHIMMEL, C.: *Entwicklung eines fahrerbasierten Werkzeugs zur Objektivierung subjektiver Fahreindrücke.* Technische Universität München - Institut für Maschinen- und Fahrzeugtechnik, 2010

[97] SCHMIDT, R. F. ; SCHAIBLE, H.-G.: *Neuro- und Sinnesphysiologie.* 5. Aufl. Berlin, Heidelberg, New York : Springer-Verlag, 2006. – ISBN 978-3-540-29491-7

[98] SCHMIDT, S. F.: Motion Drive Signals for Piloted Flight Simulators. In: *National Aeronautics and Space Administration* (1970)

[99] SCHRAMM, D. ; HILLER, M. ; BARDINI, R.: *Modellbildung und Simulation der Dynamik von Kraftfahrzeugen.* 3. Aufl. Berlin Heidelberg New York : Springer-Verlag, 2018. – ISBN 978-3-662-54481-5

[100] SCHREIER, J.: Simulator der Superlative macht autonomes Fahren erlebbar. In: *16. Kongresses der Driving Simulation Association* (2017)

[101] SCHÄUFFELE, J. ; ZURAWKA, T.: *Automotive Software Engineering - Grundlagen, Prozesse, Methoden und Werkzeuge effizient einsetzen.* 6. Aufl. Berlin Heidelberg New York : Springer-Verlag, 2016. – ISBN 978-3-658-11814-3

[102] SHOWALTER, T. W. ; PARRIS, B. L. ; 1601, NASA Technical P. (Hrsg.): *The Effects of Motion and G-seat Cues on Pilot Simulator Performance of Three Piloting Tasks*. National Aeronautics and Space Administration, Januar 1980

[103] SIVAN, R. ; ISH-SHALOM, J. ; HUANG, J.: An Optimal Control Approach to the Design of Moving Flight Simulators. In: *IEEE Transactions on Systems, Man, and Cybernetics* 12 (1982), Nov, Nr. 6, S. 818–827

[104] STEINHAUSEN, W.: Über den Nachweis der Bewegung der Cupula in der intakten Bogengangsampulle des Labyrinthes bei der natürlichen rotatorischen und calorischen Reizung. In: *Pflüger's Archiv für die gesamte Physiologie des Menschen und der Tiere* 228 (1931), Dec, Nr. 1, S. 322–328. – ISSN 1432-2013

[105] STEWART, D.: A Platform with Six Degrees of Freedom. In: *Proceedings of the Institution of Mechanical Engineers* 180 (1965), Nr. 1, S. 371–386

[106] TARIN, C.: *Dynamik ereignisdiskreter Systeme*. Universität Stuttgart : Institut für Systemdynamik, 2018

[107] TELBAN, R. J.: Nonlinear Motion Cueing Algorithm with a Human Perception Model. In: *Research Report, American Institute of Aeronautics and Astronautics* (2002)

[108] TELBAN, R. J. ; CARDULLO, F.: Motion Cueing Algorithm Development: Human-Centered Linear and Nonlinear Approaches. In: *National Aeronautics and Space Administration* (2005), 06

[109] TESIS - VIRTUAL TEST DRIVING: *veDYNA: Real-Time Simulation of Vehicle Dynamics*. – URL https://www.tesis.de/en/vedyna/. – Zugriffsdatum: 04.03.2019

[110] TESLA DEUTSCHLAND: *TESLA Model S*. – URL https://www.tesla.com/de_DE/models. – Zugriffsdatum: 26.02.2019

[111] THE MATHWORKS: *Matlab/Simulink - Simulation and Model-Based Design.* – URL https://de.mathworks.com/products/simulink.html. – Zugriffsdatum: 04.03.2019

[112] TIESTE, K.-D. ; ROMBERG, O.: *Keine Panik vor Regelungstechnik! - Erfolg und Spaß im Mystery-Fach des Ingenieurstudiums.* 3. Aufl. Berlin Heidelberg New York : Springer-Verlag, 2015. – ISBN 978-3-658-06348-1

[113] VAN DER LAAN, J. D. ; HEINO, A. ; DE WAARD, D.: A simple procedure for the assessment of acceptance of advanced transport telematics. In: *Transportation Research Part C: Emerging Technologies* 5 (1997), Nr. 1, S. 1 – 10

[114] VENROOIJ, J. ; CLEIJ, D. ; KATLIAR, M. ; BRETTO, P. ; BÜLTHOFF, H. H. ; STEFFEN, D. ; HOFFMEYER, F. W. ; SCHÖNER, H.-P.: Comparison between filter- and optimization-based motion cueing in the Daimler Driving Simulator. In: *Proceedings of the Driving Simulator Conference.* Paris, France, 2016

[115] WEISS, C.: *Control of a Dynamic Driving Simulator: Time-Variant Motion Cueing Algorithms and Prepositioning.* Braunschweig, Deutschland: Deutsches Zentrum für Luft- und Raumfahrttechnik e.V. (Veranst.), November 2006

[116] WERTHEIM, A. H. ; MESLAND, B. S. ; BLES, W.: Cognitive Suppression of Tilt Sensations during Linear Horizontal Self-Motion in the Dark. In: *Perception* 30 (2001), Nr. 6, S. 733–741

[117] WIBERG, D. M.: Theory and Problems of State Space and Linear Systems. In: *Schaum's outline series* (1971), 01

[118] WINTERHAGEN, J.: *Universität Stuttgart betreibt Europas modernsten Fahrsimulator.* INGENIEUR.de. August 2012. – URL https://www.ingenieur.de/technik/fachbereiche/fahrzeugbau/universitaet-stuttgart-betreibt-europas-modernsten-fahrsimulator/. – Zugriffsdatum: 04.03.2019

[119] WITTKOWSKI, W. ; SPECKMANN, E.-J.: *Handbuch Anatomie - Bau und Funktion des menschlichen Körpers*. Potsdam : h.f.ullmann, 2012. – ISBN 978-3-848-00089-0

[120] WU, W.: *Development of Cueing Algorithm for the Control of Simulator Motion Systems*, State University of New York at Binghamton, Binghamton, New York, Diplomarbeit, 1997

[121] YOUNG, L. R. ; MEIRY, J. L.: A revised dynamic otolith model. In: *Aerospace medicine* 39 6 (1968), S. 606–608

[122] YOUNG, L. R. ; OMAN, C. M.: Model for vestibular adaptation to horizontal rotation. In: *Aerospace medicine* 40 10 (1969), S. 1076–1080

[123] ZEITZ, M.: Differenzielle Flachheit: Eine nützliche Methodik auch für lineare SISO-Systeme. In: *Automatisierungstechnik Methoden und Anwendungen der Steuerungs-, Regelungs- und Informationstechnik* 58 (2010), Nr. 1, S. 5–13

Im Rahmen der Arbeit entstandene Veröffentlichungen

Während der Anfertigung der vorliegenden Arbeit wurden diverse studentische Arbeiten zu diesem Thema betreut. Weiterhin sind einige Veröffentlichungen entstanden und nachfolgend aufgeführt.

[1] S. Abele, *Entwurf einer Vorsteuerung für einen Motion-Cueing-Algorithmus am Stuttgarter Fahrsimulator*, Bachelorarbeit, 2018

[65] J. Lehmann, *Analyse der Wahrnehmung von Fahrzeuglängsbewegungen bezüglich eines vollbeweglichen Fahrsimulators*, Bachelorarbeit, 2018

[77] T. Miunske, C. Holzapfel, E. Baumgartner, H.-C. Reuss, *A new Approach for an Adaptive Linear Quadratic Regulated Motion Cueing Algorithm for an 8 DoF Full Motion Driving Simulator*, International Conference on Robotics and Automation (ICRA), IEEE, 2019

[78] T. Miunske, C. Holzapfel, M. Kehrer, E. Baumgartner, H.-C. Reuss, *Event Discrete Flatness based Feed-Forward Control for a Full-Motion Driving Simulator based on ADAS Data*, Driving Simulator Conference, 2019

[79] T. Miunske, M. Kehrer, C. Holzapfel, G. Baumann, H.-C. Reuss, *A new concept for an adaptive motion cueing algorithm concerning vehicle dynamic scenarios with event-discrete feed-forward control*, 4th Symposium Driving Simulation, 2018

[80] T. Miunske, J. Pitz, A. Janeba, H.-C. Reuss, *Error minimizing motion cueing algorithm based on adaptive tilt coordination for longitudinal movements*, Driving Simulator Conference, 2018

[95] M. Scheffmann, T. Miunske, H.-C. Reuss, *Virtual Powertrain Calibration at the Stuttgart Driving Simulator*, Journal of Tongji University - 4th Shanghai-Stuttgart-Symposium, 2019

© Springer Fachmedien Wiesbaden GmbH, ein Teil von Springer Nature 2020
T. Miunske, *Ein szenarienadaptiver Bewegungsalgorithmus für die Längsbewegung eines vollbeweglichen Fahrsimulators*, Wissenschaftliche Reihe Fahrzeugtechnik Universität Stuttgart, https://doi.org/10.1007/978-3-658-30470-6

Anhang

A.1 Der Stuttgart-Rundkurs

Der sogenannte Stuttgart-Rundkurs [36] hat eine Strecke von knapp 10 km und wurde in Zusammenarbeit mit der Robert Bosch GmbH definiert. Der Streckenverlauf des Rundkurses ist in Abbildung A1.1 zu sehen. .

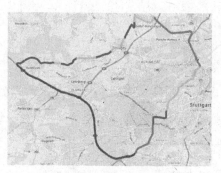

(a) Verlauf des Stuttgart-Rundkurses

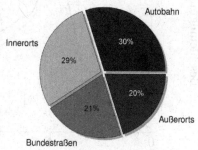

(b) Prozentuale Verteilung der Straßentypen

Abbildung A1.1: Der Verlauf des Stuttgart-Rundkurses (links) und prozentuale Verteilung der Straßentypen [36]

Die Fahrstrecke kann näherungsweise als repräsentativer Fahrverlauf für ganz Deutschland betrachtet werden. Außerdem wird auf diesem Rundkurs eine allgemeine Topographie und ein durchschnittlicher Geschwindigkeitsverlauf abgebildet. Der Straßenverlauf ist in Abbildung A1.1 (a) und die dazugehörige prozentuale Verteilung in (b) dargestellt. Es ist ersichtlich, dass die Strecke alle wichtigen Straßenabschnitte, wie einen geschwindigkeitsbegrenzten und -unbegrenzten Autobahnabschnitt (A8), Bundesstraßen (B10/B14), Landstraßenabschnitte (L1136) und Ortschaften (beispielsweise Ditzingen und die Stuttgarter Innenstadt) enthält.

© Springer Fachmedien Wiesbaden GmbH, ein Teil von Springer Nature 2020
T. Miunske, *Ein szenarienadaptiver Bewegungsalgorithmus für die Längsbewegung eines vollbeweglichen Fahrsimulators*, Wissenschaftliche Reihe Fahrzeugtechnik Universität Stuttgart, https://doi.org/10.1007/978-3-658-30470-6

A.2 Signalverläufe der Probandenstudie

A2.1 Schwellwerte Beschleunigungsverlauf

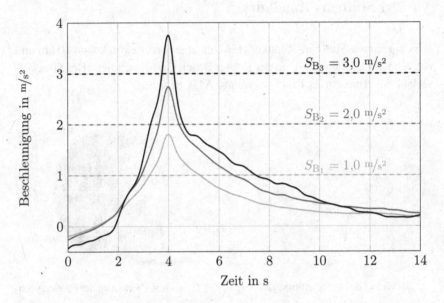

Abbildung A2.1: Arithmetisches Mittel der Längsbeschleunigung bzgl. der Schwellwerte $1,0\,m/s^2$ (—), $2,0\,m/s^2$ (—) und $3,0\,m/s^2$ (—) [65]

A2.2 Hauptbereiche der Beschleunigungsverläufe

Beschleunigungsverläufe weisen eine typische Struktur auf und können in vier Hauptkategorien aufgeteilt werden:

① Start des Beschleunigungsvorgangs. Beschleunigungsaufbau bis zu einem Maximum, welcher oberhalb des Schwellwertes liegt mit großem Beschleunigungsgradienten.

② Nach Überschreiten des Maximums, schneller Einbruch des Beschleunigungsverlaufs auf etwa die Hälfte des Scheitelpunktes. Betragsmäßiger Beschleunigungseinbruch etwa gleich zu Beschleunigungsgradient in ①

③ Langsamer Beschleunigungsabbau mit geringem Beschleunigungsgradienten über längeren Zeitraum.

④ Beschleunigung verläuft gegen Null bzw. in kleine Ausschläge für Normalfahrt mit Beschleunigungen unterhalb $S_{min} = |0,4 \, m/s^2|$. Beendung des Beschleunigungsvorgangs.

Die Verläufe sind nahezu linear und können deswegen durch graue Geraden approximiert werden (siehe Abbildungen A2.2, A2.3), woraus sich die qualitativen Verläufe in Abbildung 4.6 ergeben.

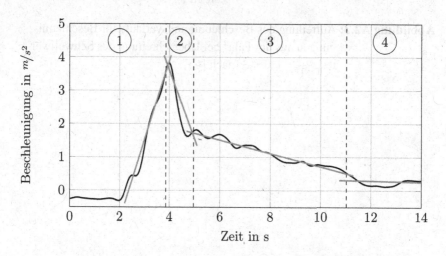

Abbildung A2.2: Aufteilung des Beschleunigungsverlaufs für Beschleunigungen aus dem Stand auf Beschleunigungen größer $3,0 \, m/s^2$ (nach [65])

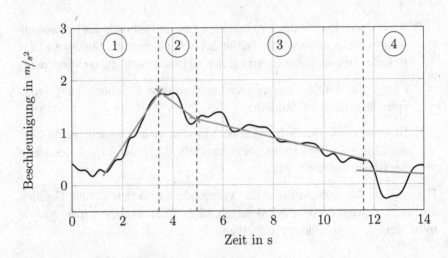

Abbildung A2.3: Aufteilung des Beschleunigungsverlaufs für Beschleunigungen aus der Fahrt bei Überschreitung des Schwellwertes $S_{B_1} = 1{,}0\,m/s^2$ (nach [65])

A2.3 Schwellwerte Verzögerungsverlauf

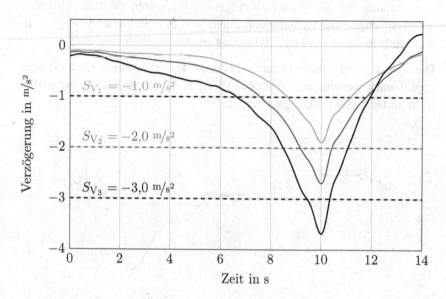

Abbildung A2.4: Arithmetisches Mittel der Längsverzögerungen aller Probanden-Messungen für die drei Schwellwerte $-1,0\,m/s^2$ (—), $-2,0\,m/s^2$ (—) und $-3,0\,m/s^2$ (—) [65]

A2.4 Hauptbereiche der Verzögerungsverläufe

Verzögerungsverläufe weisen eine typische Struktur auf und können in vier Hauptkategorien aufgeteilt werden:

① Start des Verzögerungsvorgangs. Schneller Verzögerungsaufbau mit großem Verzögerungsgradienten bis zu einem betragsmäßig kleinem Verzögerungsniveau.

② Halten der konstanten Verzögerung über einen kleinen Zeitraum.

③ Schneller Verzögerungsaufbau bis zum Minimum, welches für kurzen Zeitraum aufrecht gehalten wird.

④ Nach Unterschreiten des Minimums, steiler Einbruch des Verzögerungsverlaufs mit sehr großem Verzögerungsgradienten. Nullinie wird über-
schwungen und verläuft dann gegen Null bzw. in kleine Ausschläge in-
nerhalb $S_{min} = |0,4\,m/s^2|$. Beendung des Verzögerungsvorgangs.

Die Verläufe sind nahezu linear und können deswegen durch graue Geraden
approximiert werden (siehe Abbildungen A2.5, A2.6), woraus sich die qualitativen Verläufe in Abbildung 4.10 ergeben.

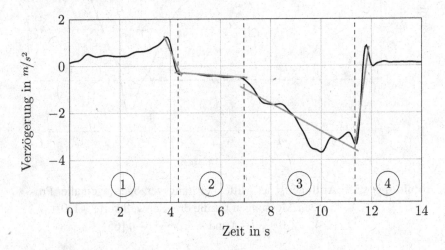

Abbildung A2.5: Aufteilung des Verzögerungsverlaufs für Verzögerungen
in den Stand (Geschwindigkeit gleich $0\,km/h$) mit einem
Schwellwert von $-3,0\,m/s^2$ (nach [65])

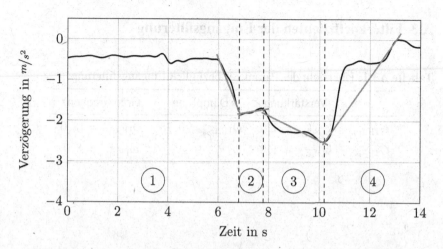

Abbildung A2.6: Aufteilung des Verzögerungsverlaufs für Verzögerungen in die Fahrt (Geschwindigkeit größer 0 km/h) (nach [65])

A.3 Filterkoeffizienten der Eingangsfilterung

Tabelle A3.1: Übersicht der Parameter bezüglich Eingangsfilterung

	Verstärkung	Dämpfung	Grenzfrequenz
$G_{\mathrm{TP},\dot{x}_{\mathrm{Fzg}}}$	$k_{\mathrm{TP},\dot{x}_{\mathrm{Fzg}}} = 1,0$	$D_{\mathrm{TP},\dot{x}_{\mathrm{Fzg}}} = 0,78$	$\omega_{\mathrm{TP},\dot{x}_{\mathrm{Fzg}}} = 18,0$
$G_{\mathrm{TP},\ddot{x}_{\mathrm{Fzg}}}$	$k_{\mathrm{TP},\ddot{x}_{\mathrm{Fzg}}} = 1,0$	$-$	$\omega_{\mathrm{TP},\ddot{x}_{\mathrm{Fzg}}} = 8,0$

A.4 Stabilität und Steuerbarkeit linearer zeitvarianter Systeme

A4.1 Stabilität

Lineare zeitvariante Systeme (LTV) besitzen einerseits eine direkte Ähnlichkeit zu den bekannten linearen, zeitinvarianten Systemen (LTI), unterscheiden sich jedoch durch signifikante Unterschiede in der dynamischen Analyse. Das Stabilitätsverhalten für zeitvariante Systeme kann allgemein nicht mehr unbedingt über die Lage dessen zeitvarianten Eigenwerte bestimmt werden.

Eine Charakterisierung von linearen zeitvarianten Systemen bezüglich ihrer Stabilität für konstante und periodische Koeffizienten ist durch die Floquet-Theorie gegeben [84] und zieht Rückschlüsse auf das dynamische Verhalten periodisch-variierender linearer Systeme. Wird das lineare zeitvariante System

$$\dot{x} = A(t)x, \ t > t_0, \qquad x(t_0) = x_0 \in \mathbb{R}^n \qquad \text{Gl. A4.1}$$

mit der Dynamikmatrix $A(t) = A(t + \lambda)$ betrachtet, so gilt für die Transitionsmatrix

$$\Phi(t, \tau) = P(t, \tau) \, e^{R(t-\tau)} \qquad \text{Gl. A4.2}$$

mit $P(t, \tau) = P(t + \lambda, \tau)$ und einer konstanten Matrix R. Der ausführliche Beweis ist bei [117] zu finden. Durch die periodische Matrix $P(t, \tau)$ wird der periodische Lösungsanteil dargestellt, während $\exp(R(t - \tau))$ die dazugehörige Einhüllende beschreibt. Weisen alle Eigenwerte von R einen negativen Realteil auf, so ist das System aus Gl. A4.1 exponentiell stabil. Weisen die Eigenwerte von R dagegen positive Realteile auf und wächst exponentiell an, ist die Einhüllende periodisch und das System Gl. A4.1 ist instabil. [75]

Alternativ kann die Stabilität eines linearen zeitvarianten Systems über eine äquivalente Darstellung in einem neuen Zustand $z(t)$ durch eine reguläre Zustandstransformation

$$z(t) = V(t) \, x(t) \qquad \text{Gl. A4.3}$$

mit der dazugehörigen Transformationsmatrix $V(t)$ nachgewiesen werden. Dazu muss die Transformationsmatrix folgende zwei Bedingungen erfüllen:

1. $V(t)$ ist im Intervall $t \in [t_0, t_1]$ mit $t_1 > t_0$ regulär und

2. $\mathbf{V}(t)$ ist für alle $t \in [t_0, t_1]$ mit $\dot{\mathbf{V}}(t)$ stetig differenzierbar und stetig in t.

Ist die Transformationsmatrix $\mathbf{V}(t)$ und dessen Transformierte $\mathbf{V}^{-1}(t)$ für alle $t \geq t_0$ beschränkt, so wird die Transformation auch als Lyapunov-Transformation bezeichnet. Mit diesem Zusammenhang kann auf die Stabilität des z-Systems und damit auch auf das x-System geschlossen werden [70, 75].

A4.2 Steuerbarkeit

Mittels der Steuerbarkeit eines Systems können Aussagen getroffen werden, ob der aktuelle Zustand $\mathbf{x}(t)$ des dynamischen Systems durch den Eingang $\mathbf{u}(t)$ vom Anfangszustand $\mathbf{x}(0)$ in einen beliebigen neuen Zustand $\mathbf{x}(1)$ überführt werden kann.

Das System

$$\dot{\mathbf{x}} = \mathbf{A}(t)\mathbf{x} + \mathbf{B}(t)\mathbf{u}, \quad t > t_0, \qquad \mathbf{x}(t_0) = \mathbf{x}_0 \in \mathbb{R}^n \qquad \text{Gl. A4.4}$$

ist *vollständig* steuerbar in dem Intervall $[t_0, t_1]$, sofern für jeden Anfangszustand $\mathbf{x}(t_0) = \mathbf{x}_0$ und jeden Endzustand $\mathbf{x}_1$ ein Eingang $\mathbf{u}(t)$, $t \in [t_0, t_1]$ mit $\mathbf{x}(t_1) = \mathbf{x}_1$ existiert. Weiterhin kann das System *total steuerbar* genannt werden, sofern der Übergang von $\mathbf{x}_0$ zu $\mathbf{x}_1$ für ein beliebig kleines $t_1 > t_0$ erfolgen kann, d.h. das System ist vollständig steuerbar in jedem Unterintervall von $[t_0, t_1]$.

Dabei darf die $(n \times nm)$-Matrix

$$Q_s(\mathbf{A}(t), \mathbf{B}(t)) = \begin{bmatrix} \mathbf{N}_A^0 \mathbf{B}(t) & \mathbf{N}_A^1 \mathbf{B}(t) & \dots & \mathbf{N}_A^{n-1} \mathbf{B}(t) \end{bmatrix} \qquad \text{Gl. A4.5}$$

mit den Koeffizienten

$$\mathbf{N}_A^0 \mathbf{B}(t) = \mathbf{B}(t),$$
$$\mathbf{N}_A^1 \mathbf{B}(t) = -\dot{\mathbf{B}}(t) + \mathbf{A}(t)\mathbf{B}(t),$$
$$\mathbf{N}_A^k \mathbf{B}(t) = \mathbf{N}_A^1 \left(\mathbf{N}_A^{k-1} \mathbf{B}(t) \right)$$

in keinem Unterintervall $[t_0, t_1]$ den Rang $Q_s(\mathbf{A}(t)) < n$ besitzen. Als Bedingung muss offensichtlich gelten, dass die Matrix $\mathbf{A}(t)$ mindestens $(n-2)$-fach und $\mathbf{B}(t)$ mindestens $(n-1)$-fach stetig differenzierbar sein müssen. Der Beweis für die Steuerbarkeit ist in [75] ausführlich erläutert.

A.5 Filterparameterauslegung der Tilt-Coordination

Aus den Untersuchungen für die Parametrierung der Filterkoeffizienten der Tilt-Coordination aus Kapitel 4.3.2 haben sich für die Beschleunigungen als auch für die Verzögerungen entsprechende Punktewolken herauskristallisiert und sind in Abbildung 4.18 zu sehen. Es werden hier die quantitativen Ergebnisse zuerst für die Beschleunigungs- und danach für die Verzögerungsvorgänge kurz vorgestellt.

A5.1 Auslegung der adaptiven Filterparameter

Auslegung der adaptiven Filterparameter für Beschleunigungen

Die statische Verstärkung $k^*_{TC,B}$ darf für Beschleunigungsvorgänge nicht zu groß ausgelegt werden, damit der Anstellwinkel des Doms nicht zu groß wird und somit große Winkel vermieden werden. Deswegen sollte sich die Verstärkung unterhalb $k^*_{TC,B} \leq 0,81$ befinden. Wird die Verstärkung hingegen zu gering ausgelegt, sind stationäre Kräfte kaum wahrzunehmen und der Schlitten muss sehr große Verfahrwege durchführen, was ebenfalls vermieden werden soll. Durch Tests haben sich eine Mindestverstärkung von $k^*_{TC,B} \geq 0,64$ ergeben. Der optimale Verstärkungsparameter beträgt $k^*_{TC,B} = 0,7$.

Die Grenzfrequenz $\omega^*_{TC,B}$ ist für die Auslegung besonders wichtig, da sie die zulässigen Frequenzen der ankommenden Beschleunigungssignale einschränkt. Da der Hexapod nicht zu schnelle Kippraten ausführen soll, liegen die Werte in eher niedrigen Frequenzbereichen und sollten deswegen nicht größer als etwa $\omega^*_{TC,B} \leq 2,28$ gewählt werden. Damit jedoch die Stelldauer des Kippwinkels nicht zu lange dauert und der Kippvorgang zu konservativ stattfindet, sollte die Grenzfrequenz nicht kleiner als $\omega^*_{TC,B} \geq 1,75$ gewählt werden. Wichtig ist bei der Auslegung auch die Berücksichtigung größer werdender Amplituden für größere Frequenzen, da sonst ungewollte Sprünge im Signalverlauf auftreten. Das macht die Bestimmung der Parameter zu einer komplexen Angelegenheit, da die einzelnen Filterparameter voneinander abhängen und nicht immer ein klarer Zusammenhang erkennbar ist. Bei der Untersuchung hat sich eine optimale Grenzfrequenz von $\omega^*_{TC,B} = 1,9$ ergeben.

Der Dämpfungsterm $D_{TC,B}^*$ des Tiefpassfilters besitzt, im Gegensatz zu den anderen Koeffizienten, keinen so großen Spielraum und wird erst zum Schluss ausgelegt. Insbesondere ist darauf zu achten, dass bei einer Drehung zurück in den Ursprung kein Schwingverhalten auftritt. Dies ist für den Bereich von $0,89 \leq D_{TC,B}^* \leq 1,08$. Der optimale Dämpfungsterm hat sich zu $D_{TC,B}^* = 1,05$ ergeben.

Da der Modus Normalfahrt mit im Beschleunigungs-Modus inkludiert ist, wurde bei der Auslegung darauf geachtet, dass für geringe Beschleunigungen so gut wie keine Rotationen des Hexapoden auftreten.

Auslegung der adaptiven Filterparameter für Verzögerungen

Das Vorgehen des Parametertunings für Verzögerungsvorgänge entspricht dem für Beschleunigungsvorgänge. Die statische Verstärkung ist schwächer ausgeprägt und kommt tendenziell bei stärkeren Verzögerungen zum tragen. Die Verstärkung sollte sich innerhalb des Bereichs $0,42 \leq k_{TC,V}^* \leq 0,91$ befinden. Die optimale Verstärkung liegt bei $k_{TC,V}^* = 0,54$ und ist so gering, da die Verzögerungsamplituden aus der Fahrdynamiksimulation tendenziell größer ausfallen.

Bei der Grenzfrequenz $\omega_{TC,V}^*$ werden stärkere Frequenzen zugelassen, da bei Verzögerungsvorgängen höhere Dynamiken zu erwarten sind. Die Frequenz kann sich in größeren Bereichen von $2,55 \leq \omega_{TC,V}^* \leq 4,3$ befinden. Für eine realistische Simulation ergibt sich ein Wert von $\omega_{TC,V}^* = 3,6$.

Der Dämpfungsterm $D_{TC,V}^*$ sollte wiederum Werte größer $D_{TC,V}^* \geq 1,1$ darstellen, damit sich kein Schwingverhalten nach dem Verzögerungsvorgang ergibt. Gleichzeitig soll der Wertebereich innerhalb $D_{TC,V}^* \leq 1,65$ liegen. Der optimale Wert hat sich bei der Untersuchung bei $D_{TC,V}^* = 1,42$ eingependelt.

In Tabelle A5.1 sind noch einmal alle optimalen Parameter des adaptiven Tiefpassfilters übersichtlich aufgelistet.

Tabelle A5.1: Übersicht aller optimalen Filterparameter für die Ereignisse der Tilt-Coordination

	Verstärkung	Dämpfung	Grenzfrequenz
Beschleunigung	$k_{TC,B}^* = 0,7$	$D_{TC,B}^* = 1,05$	$\omega_{TC,B}^* = 1,9$
Verzögerung	$k_{TC,V}^* = 0,54$	$D_{TC,V}^* = 1,42$	$\omega_{TC,V}^* = 3,6$

A5.2 Auslegung der Transaktionen

Um vom Ereignis Beschleunigung $\tilde{E}_{TC,B}$ zum Ereignis Verzögerung $\tilde{E}_{TC,V}$ zu wechseln, müssen die drei fahrdynamischen Werte Beschleunigung die Bedingung

$$\tilde{T}_{TC,BV} = \left\{ \ddot{x}_{Fzg} < -0,1\,\frac{m}{s^2} \wedge \dddot{x}_{Fzg} < -0,4\,\frac{m}{s^3} \wedge \ddddot{x}_{Fzg} < -0,9\,\frac{m}{s^4} \right\} \qquad \text{Gl. A5.1}$$

erfüllen. Die benötigte Umschaltdauer der flachen Cosinus-Trajektorie wird für diesen Vorgang zu

$$\Delta T_{TC,BV} = 0,2\,s \qquad \text{Gl. A5.2}$$

gewählt. Die kurze Umschaltdauer hängt damit zusammen, dass Verzögerungen tendenziell ruckartiger stattfinden und deswegen zügiger eingeleitet werden als bei Beschleunigungsvorgängen. Somit soll sichergestellt werden, dass die neuen adaptiven Parameter für das Filter der TC rechtzeitig eingestellt sind. Nur so kann der Simulatorfahrer ein realistisches Gefühl einer Verzögerung erfahren.

Die Adaption des Ereignisses Verzögerung $\tilde{E}_{TC,V}$ zum Ereignis Beschleunigung $\tilde{E}_{TC,B}$ wird durch den fahrdynamischen Wertebereich von

$$\tilde{T}_{TC,VB} = \left\{ \ddot{x}_{Fzg} \geq 0,1\,\frac{m}{s^2} \wedge \dddot{x}_{Fzg} \geq -0,4\,\frac{m}{s^3} \wedge \ddddot{x}_{Fzg} \geq 0\,\frac{m}{s^4} \right\} \qquad \text{Gl. A5.3}$$

eingeleitet. Die Umschaltdauer beträgt hierbei

$$\Delta T_{TC,VB} = 0,36\,s \qquad \text{Gl. A5.4}$$

und ist eine gute Kombination aus ausreichender Schaltzeit und weichem Übergang zu den neuen Filterparametern.

A.6 Filterparameterauslegung des Schlittensystems

Aus den Untersuchungen für die Parametrierung der Filterkoeffizienten des Schlittensystems aus Kapitel 4.3.3 haben sich für die drei unterschiedlichen Modi Normalfahrt, Beschleunigung und Verzögerung entsprechende Punktewolken ergeben, die in Abbildung 4.21 zu sehen sind. Die optimalen Filterkoeffizienten sind darin als schwarze Kreuze abgebildet. Es werden nachfolgend die quantitativen Ergebnisse zuerst für die Normalfahrt, dann für Beschleunigungs- und schlussendlich für die Verzögerungsvorgänge vorgestellt.

A6.1 Auslegung der adaptiven Filterparameter

Auslegung der adaptiven Filterparameter für Normalfahrten

Für den Modus Normalfahrt soll der Schlitten den ankommenden Beschleunigungssignalen folgen. Da keine großen Beschleunigungssignale zu erwarten sind, können diese den Filter mit gleicher Amplitude $k_{S,N}^* = 1,0$ ungehindert passieren. Die Grenzfrequenz $\omega_{S,N}^* = 0,125$ wird entsprechend klein gewählt, sodass möglichst alle Frequenzen abgebildet werden. Der Dämpfungskoeffizient $D_{S,N}^*$ kann frei gewählt werden. Dabei ist lediglich darauf zu achten, dass der ausgewählte Wert in etwa den Werten D_{S,B_1}^* und D_{S,V_1}^* entspricht, sodass es bei einer Umschaltung keine Sprünge auftreten. Die Dämpfung wird dementsprechend auf $D_{S,N}^* = 1,0$ gesetzt.

Der Normalfahrt-Modus ist direkt mit den Modi der leichten Beschleunigung und Verzögerung verbunden. Somit besteht kein direkter Übergang von Beschleunigung zu Verzögerung. Dies ist auch nicht nötig, da die Beschleunigung die definierten Werte im Modus Normalfahrt durchläuft, um von der Beschleunigung zur Verzögerung zu gelangen und umgekehrt.

Auslegung der adaptiven Filterparameter für Beschleunigungen

Für den Modus Beschleunigung werden drei aufeinander aufbauende Ereignisse implementiert. Dabei kann immer nur von einer Stufe zur nächsten geschaltet werden. Dies ist physikalisch leicht vorstellbar, da beispielsweise eine mittlere Beschleunigung nur nach einer leichten Beschleunigung auftreten kann. Eine starke Beschleunigung hingegen kann nur nach einer mittleren Beschleunigung auftreten. Bei der Auslegung der Filterparameter ist insbesondere darauf zu achten, dass die gleichen Parameter für die unterschiedlichen Ereignisse nicht zu weit voneinander entfernt liegen. Ansonsten können für den Fahrer, durch die starke Veränderung der adaptiven Parameter, Rucke während des Umschaltvorgangs zu spüren sein. Dies soll unbedingt vermieden werden.

Das erste Ereignis beschreibt eine leichte Beschleunigung. Das bedeutet, dass Beschleunigungen den Schwellwert S_{B_1} übertreten. Dieser Beschleunigungsmodus tritt laut Abbildung 4.5 für allgemein gültige Fahrten am häufigsten auf. Die stationäre Verstärkung $k^*_{S,B_1} = 1,0$ bildet dabei direkt den Eingang ab, da bei leichten Beschleunigungen der Schlitten noch keine sehr großen Verfahrwege aufweist. Die optimale Wahrnehmung für den Dämpfungskoeffizienten ergibt sich zu $D^*_{S,B_1} = 1,2$. Die Grenzfrequenz $\omega^*_{S,B_1} = 0,25$ ist eher klein, damit noch möglichst viele Signalanregungen stattfinden können.

Das zweite Ereignis ist durch eine mittlere Beschleunigung klassifiziert. Die Verstärkung $k^*_{S,B_2} = 1,05$ wird dabei etwas erhöht, da ansonsten durch die ebenfalls erhöhte Grenzfrequenz von $\omega^*_{S,B_2} = 0,28$ die Amplitudenverstärkung abnimmt. Der Dämpfungsterm $D^*_{S,B_2} = 1,0$ wird verringert, sodass die Signalanregung besser abklingen kann.

Das dritte Ereignis spiegelt die stärkste Beschleunigung mit dem Schwellwert S_{B_1} wieder. Die Amplitudenverstärkung wird nochmals etwas auf $k^*_{S,B_3} = 1,1$ erhöht. Die optimale Dämpfung ist für dieses Ereignis $D^*_{S,B_2} = 0,8$ mit der dazugehörigen Grenzfrequenz von $\omega^*_{S,B_3} = 0,31$.

Es ist noch zu erwähnen, dass für Beschleunigungen aus dem Stand heraus tendenziell der Schwellwert S_{B_3} überschritten wird, sodass bei derartigen Beschleunigungen bis zu Ereignis $\tilde{E}_{S,B_3}$ geschaltet wird. Als Anfangsereignis wird die leichte Beschleunigung ausgewählt. Es wird bewusst keine stärkere Beschleunigung ausgewählt, da nicht bekannt ist, wie stark das Fahrzeug zu Beginn beschleunigen wird.

Auslegung der adaptiven Filterparameter für Verzögerungen

Der Verzögerungs-Modus ist analog zum Beschleunigungs-Modus aufgebaut. Auch hier gibt es ein dreistufiges ereignisdiskretes System, welches identisch zum Beschleunigungsvorgang ausgelegt ist. Die Filterparameter liegen hier zum Teil etwas weiter auseinander. Jedoch wurde darauf geachtet, dass diese betragsmäßig nur so weit voneinander entfernt, dass bei der Simulatorfahrt keine Rucke spürbar sind.

Das erste Ereignis beschreibt eine leichte Verzögerung, bei welcher der Schwellwert von S_{V_1} unterschritten wird. Dieser Verzögerungs-Modus tritt laut Abbildung 4.9 für allgemein gültige Fahrten sehr häufig auf. Die stationäre Verstärkung $k_{S,V_1}^* = 1,0$ lässt dabei die ankommenden Verzögerungen unskaliert durchlaufen. Genau wie im Beschleunigungs-Modus weist der Schlitten auch bei derartigen Verzögerungen keine zu großen Verfahrwege auf. Der optimale Dämpfungskoeffizient ergibt sich zu $D_{S,V_1}^* = 1,1$ und die Grenzfrequenz zu $\omega_{S,V_1}^* = 0,3$. Dabei werden durch den Schlitten eher höherfrequente Signale durchgeschleust, als beim Beschleunigungsvorgang. Dies ist realistisch, da Verzögerungen tendenziell zügiger eingeleitet werden, als Beschleunigungsvorgänge. Ein Hauptgrund liegt darin, dass Beschleunigungen durch die Leistung des Fahrzeuges limitiert sind.

Die mittlere Verzögerung wird durch das zweite Ereignis dargestellt. Nicht nur die Verstärkung $k_{S,V_2}^* = 0,9$ sondern auch die Dämpfung $D_{S,V_2}^* = 0,95$ wird hierbei etwas erniedrigt, sodass sich eine realistische Darstellung durch die Superposition des Schlittens mit der Tilt-Coordination ergibt. Die optimale Grenzfrequenz ergibt sich zu $\omega_{S,V_2}^* = 0,4$.

Das dritte und letzte Ereignis ist die starke Verzögerung mit dem Schwellwert S_{V_3}. Hierbei werden die stationäre Verstärkung $k_{S,V_3}^* = 0,8$ und die Dämpfung $D_{S,V_3}^* = 0,8$ nochmals verringert. Die Grenzfrequenz wird dagegen zu $\omega_{S,V_3}^* = 0,5$ erhöht. Dadurch werden tatsächlich nur höherfrequente Anteile berücksichtigt, da starke Verzögerungen in der Regel durch ruckartige schnelle Vorgänge, wie beispielsweise Notbremsungen, gekennzeichnet sind.

Auch hier ist noch zu erwähnen, dass für Verzögerungen in den Stand tendenziell der Schwellwert S_{V_3} unterschritten wird, sodass bei derartigen Beschleunigungen bis zu Ereignis $\tilde{E}_{S,V_3}$ geschaltet wird.

In Tabelle A6.1 sind alle optimalen Parameter des adaptiven Hochpassfilters des Schlittensystems übersichtlich aufgelistet.

Tabelle A6.1: Übersicht aller optimalen Filterparameter für die Ereignisse des Schlittensystems

	Verstärkung	Dämpfung	Grenzfrequenz
Normalfahrt	$k_{S,N}^* = 1,0$	$D_{S,N}^* = 1,0$	$\omega_{S,N}^* = 0,125$
leichte Beschleunigung	$k_{S,B_1}^* = 1,0$	$D_{S,B_1}^* = 1,2$	$\omega_{S,B_1}^* = 0,25$
mittlere Beschleunigung	$k_{S,B_2}^* = 1,05$	$D_{S,B_2}^* = 1,0$	$\omega_{S,B_2}^* = 0,28$
starke Beschleunigung	$k_{S,B_3}^* = 1,1$	$D_{S,B_3}^* = 0,8$	$\omega_{S,B_3}^* = 0,31$
leichte Verzögerung	$k_{S,V_1}^* = 1,0$	$D_{S,V_1}^* = 1,1$	$\omega_{S,V_1}^* = 0,3$
mittlere Verzögerung	$k_{S,V_2}^* = 0,9$	$D_{S,V_2}^* = 0,95$	$\omega_{S,V_2}^* = 0,4$
starke Verzögerung	$k_{S,V_3}^* = 0,8$	$D_{S,V_3}^* = 0,8$	$\omega_{S,V_3}^* = 0,5$

A6.2 Auslegung der Transaktionen

Um in den Modus der leichten Beschleunigung zu wechseln, muss die Transaktionsbedingung

$$\tilde{T}_{S,NB_1} = \left\{ \ddot{x}_{Fzg} \geq 0,3\,\frac{m}{s^2} \wedge \dddot{x}_{Fzg} \geq 0,5\,\frac{m}{s^3} \right\} \qquad \text{Gl. A6.1}$$

erfüllt sein. Dieser ist nur aus dem Modus Normalfahrt zu erreichen. Um wieder zurück in den Modus Normalfahrt zu gelangen, muss lediglich der Schwellwert für kleine Beschleunigungen unterschritten werden

$$\tilde{T}_{S,B_1N} = \left\{ \ddot{x}_{Fzg} < 0,4\,\frac{m}{s^2} \right\}. \qquad \text{Gl. A6.2}$$

Soll von der leichten zur mittleren Beschleunigung gewechselt werden, muss die Bedingung

$$\tilde{T}_{S,B_1B_2} = \left\{ \ddot{x}_{Fzg} \geq 0,7\,\frac{m}{s^2} \wedge \dddot{x}_{Fzg} \geq 1,2\,\frac{m}{s^3} \right\} \qquad \text{Gl. A6.3}$$

erfüllt sein. Um wieder zur leichten Beschleunigung zurückzugelangen, müssen die fahrdynamischen Werte entsprechend unterschritten werden

$$\tilde{T}_{\text{S},\text{B}_2\text{B}_1} = \left\{ \ddot{x}_{\text{Fzg}} < 0,5\,\frac{\text{m}}{\text{s}^2} \land \dddot{x}_{\text{Fzg}} < 0,5\,\frac{\text{m}}{\text{s}^3} \right\}. \qquad \text{Gl. A6.4}$$

Soll die der stärkste Beschleunigungs-Modus angesteuert werden, muss die Umschaltbedingung

$$\tilde{T}_{\text{S},\text{B}_2\text{B}_3} = \left\{ \ddot{x}_{\text{Fzg}} \geq 1,2\,\frac{\text{m}}{\text{s}^2} \land \dddot{x}_{\text{Fzg}} \geq 2,3\,\frac{\text{m}}{\text{s}^3} \right\}. \qquad \text{Gl. A6.5}$$

erfüllt sein. Es fällt auf, dass der Fahrzeugruck mit zunehmender Beschleunigung ebenfalls größer werden muss, da sich die betragsmäßige Beschleunigungsänderung entsprechend aufbaut.

In den Modus der leichten Verzögerung kann von dem Modus der Normalfahrt aus mit der Transaktionsbedingung

$$\tilde{T}_{\text{S},\text{NV}_1} = \left\{ \ddot{x}_{\text{Fzg}} \leq -0,3\,\frac{\text{m}}{\text{s}^2} \land \dddot{x}_{\text{Fzg}} \leq -0,7\,\frac{\text{m}}{\text{s}^3} \right\} \qquad \text{Gl. A6.6}$$

gewechselt werden. Um wieder zurückzugelangen, wird der Schwellwert für kleine Verzögerungen von der Fahrzeugbeschleunigung überschritten

$$\tilde{T}_{\text{S},\text{V}_1\text{N}} = \left\{ \ddot{x}_{\text{Fzg}} > -0,4\,\frac{\text{m}}{\text{s}^2} \right\}. \qquad \text{Gl. A6.7}$$

Soll von der leichten Verzögerung ausgehend in die mittlere Verzögerung gewechselt werden, muss eine stärkere Fahrzeugverzögerung von

$$\tilde{T}_{\text{S},\text{V}_1\text{V}_2} = \left\{ \ddot{x}_{\text{Fzg}} \leq -1,0\,\frac{\text{m}}{\text{s}^2} \land \dddot{x}_{\text{Fzg}} \leq -1,8\,\frac{\text{m}}{\text{s}^3} \right\} \qquad \text{Gl. A6.8}$$

auftreten. Mit der Umschaltbedingung

$$\tilde{T}_{\text{S},\text{V}_2\text{V}_1} = \left\{ \ddot{x}_{\text{Fzg}} > -1,0\,\frac{\text{m}}{\text{s}^2} \right\} \qquad \text{Gl. A6.9}$$

wird wieder zurück in den leichten Verzögerungs-Modus gewechselt und es kann auf die Ruckbedingung verzichtet werden. Soll von dem mittleren in den starken Verzögerungs-Modus gewechselt werden, müssen die Beschleunigungs- und Rucksignale die Bedingung

$$\tilde{T}_{\text{S},\text{V}_2\text{V}_3} = \left\{ \ddot{x}_{\text{Fzg}} \leq -1,9\,\frac{\text{m}}{\text{s}^2} \land \dddot{x}_{\text{Fzg}} \leq -3,5\,\frac{\text{m}}{\text{s}^3} \right\} \qquad \text{Gl. A6.10}$$

unterschreiten. Es ist davon auszugehen, dass sich das Fahrzeug hierbei in einem starken Verzögerungsvorgang (z.B. Vollbremsung) befindet. Um wieder zurück zum Modus der mittleren Verzögerung zu gelangen, muss die Beschleunigungsbedingung

$$\tilde{T}_{S,V_3V_2} = \left\{ \ddot{x}_{Fzg} > -0,8\,\frac{m}{s^2} \right\} \qquad \text{Gl. A6.11}$$

überschritten werden. Damit sind alle Transaktionsbedingungen für das ereignisdiskrete System des Schlittens definiert. Es müssen lediglich noch die Umschaltdauer der flachheitsbasierten Cosinus-Trajektorie aus Gl. 4.7 bestimmt werden. Diese wird für die einzelnen Modi unterschiedlich lang ausgelegt. Die benötigte Umschaltdauer für das Umschalten in den Beschleunigungs-Ereignissen wird zu

$$\Delta T_{S,B} = 0,22\,s \qquad \text{Gl. A6.12}$$

und für die Verzögerungs-Ereignisse zu

$$\Delta T_{S,V} = 0,14\,s \qquad \text{Gl. A6.13}$$

ausgelegt. Diese entsprechen in etwa denen der TC und stellen sicher, dass die zeitliche Dauer zwischen TC und Schlitten synchron verläuft. Um in den Modus der Normalfahrt zu gelangen, wird eine Umschaltdauer von

$$\Delta T_{S,N} = 0,4\,s \qquad \text{Gl. A6.14}$$

festgelegt. Es wird bewusst eine größere Zeitkonstante gewählt, da der Übergang zur Normalfahrt die ankommenden Signale der Fahrdynamiksimulation direkt durchlässt und sich somit ein weicher Übergang erschließt.

A.7 Automaten der Tilt-Coordination und des Schlittensystems

In der Automatentheorie werden bestimmte Abläufe durch diskrete Abfolgen beschrieben. Diese werden von den Automaten durch eine definierte Sprache bzw. Zeichenketten beschrieben und hintereinander verarbeitet. Die Automatentheorie wurde ursprünglich von Turing in den dreißiger Jahren zu der theoretischen Leistung von Rechenmaschinen entwickelt [31]. Das ereignisdiskrete System der Tilt-Coordination und des Schlittensystems wird nachfolgend mit Hilfe von [106] jeweils in der Automatentheorie aufgestellt.

A7.1 Automat Tilt-Coordination

Das ereignisdiskrete System der Tilt-Coordination kann als deterministischer Automat beschrieben werden. Das bedeutet, dass pro Zustand und Transition lediglich eine abgehende Kante existiert. Der Automat ist vollständig (nicht partiell) und kann dementsprechend immer wieder in den gleichen Zustand überführt werden. Die vollständige Erreichbarkeit des Automaten kann für jeden Zustand mit

$$\mathbf{p}(k+1) = \mathbf{G} \cdot \mathbf{p}(k), \quad \mathbf{p}(0) = \mathbf{p}_0 \qquad \text{Gl. A7.1}$$

beschrieben werden. Der Automat ist nicht autonom, da er an den Kanten Bedingungen besitzt. Weiterhin ist er zu allen Zeiten lebendig und verklemmungsfrei, was besagt, dass er eine unendlich lange Zustandsfolge aufweisen kann und keine Dead-Locks besitzt.

Um das ereignisdiskrete System aus Abbildung 4.17 als Automat zu beschreiben, werden für die Ereignisse und Transaktionen Abkürzungen verwendet und sind in Tabelle A7.1 dargestellt. Der deterministische Automat der Tilt-Coordination (TC) wird durch

$$\mathcal{A}_{\text{TC}} = (\mathcal{Z}, \Sigma, \delta, z_0, \mathcal{Z}_F) \qquad \text{Gl. A7.2}$$

klassifiziert. Die Zustandsmenge ergibt sich zu

$$\mathcal{Z} = \{1, 2, 3, 4\} \qquad \text{Gl. A7.3}$$

und die Menge der möglichen Ereignisse zu

$$\Sigma = \{A, B, C, D\}. \qquad \text{Gl. A7.4}$$

Tabelle A7.1: Zuweisung Ereignisse und Transaktionen aus Abbildung 4.17

Beschreibung Abb. 4.17	Neue Zuweisung
$\tilde{E}_{TC,B}$	1
$z^*_{TC,BV}(t)$	2
$\tilde{E}_{TC,V}$	3
$z^*_{TC,VB}(t)$	4
$\tilde{T}_{TC,BV}$	A
$t \geq \Delta T_{TC,BV}$	B
$\tilde{T}_{TC,VB}$	C
$t \geq \Delta T_{TC,VB}$	D

Mit der Zustandsübergangsfunktion

$$\delta = \{(1,\varepsilon,1),(1,A,2),(2,B,3),(3,C,4),(4,D,1)\} \qquad \text{Gl. A7.5}$$

kann zwischen den Zuständen umgeschaltet werden. Der Anfangszustand beträgt dabei

$$z_0 = 1 \qquad \text{Gl. A7.6}$$

und der Endzustand $\mathcal{Z}_F$ ist leer, da beliebig oft hintereinander umgeschaltet werden kann. Die Umschaltung ist mit der Adjazenzmatrix

$$\mathbf{G}_{TC} = \begin{bmatrix} 0 & 0 & 0 & D \\ A & 0 & 0 & 0 \\ 0 & B & 0 & 0 \\ 0 & 0 & C & 0 \end{bmatrix} \in \mathbb{R}^{4 \times 4} \qquad \text{Gl. A7.7}$$

und dem dazugehörigen Anfangszustand

$$\mathbf{p}(0) = [1 \ \ 0 \ \ 0 \ \ 0]^T \in \mathbb{R}^4 \qquad \text{Gl. A7.8}$$

darstellbar, sodass damit jeder beliebiger Zustand mit der Beziehung aus Gleichung Gl. A7.1 hergestellt werden kann. Dadurch ergibt sich die Sprache

$$\mathcal{L}(\mathcal{A}_{TC}) = \{V \mid \delta^*(z_0, V)\} \qquad \text{Gl. A7.9}$$

des Automaten (siehe Tabelle A7.2), welche eine Menge derjenigen Zeichenketten darstellt, für die die verallgemeinerte Zustandsübertragungsfunktion definiert ist. Die Zeichenketten bestehen dabei aus einer Verkettung der Kanten-
gewichte. Die endliche bzw. unendliche Anzahl von Zeichen ist die Mächtig-
keit der Sprache.

Tabelle A7.2: Sprache des Automaten der Tilt-Coordination

$\delta^*(z_0, V)$	z_0	V
1	1	ε
2	1	A
3	1	AB
4	1	ABC
1	1	ABCD
2	1	ABCDA
⋮	⋮	⋮

A7.2 Automat Schlittensystem

Auch das ereignisdiskrete System des Schlittens aus Abbildung 4.20 kann als
Automat beschrieben werden. Da bei diesem Automaten Zustände existieren,
die sich in mehr als einen Nachfolgezustand bewegen können, spricht man
hierbei von einem nichtdeterministischen Automaten. Dieser ist vollständig
(nicht partiell) und kann dementsprechend immer wieder in den gleichen Zustand überführt werden. Der Automat ist nicht autonom, da er an den Kanten
Bedingungen besitzt. Weiterhin ist er zu allen Zeiten lebendig und verklemmungsfrei, was besagt, dass er eine unendlich lange Zustandsfolge aufweisen
kann und keine Dead-Locks besitzt.

Für die Ereignisse und Transaktionen des nichtdeterministischen Automats
(Abbildung 4.20) werden im Nachfolgenden der Einfachheit halber Abkürzun-
gen verwendet und sind in Tabelle A7.3 dargestellt. Der nichtdeterministische
Automat des Schlittensystems (S) wird mit

$$\mathcal{N}_S = (\mathcal{Z}, \Sigma, \Delta, \mathcal{Z}_0, \mathcal{Z}_F) \qquad\qquad \text{Gl. A7.10}$$

beschrieben. Die Zustandsmenge ergibt sich zu

$$Z = \{1, 2, 3, \ldots, 18, 19\} \qquad \text{Gl. A7.11}$$

und die Menge der möglichen Ereignisse zu

$$\Sigma = \{A, B, C, \ldots, N, O\}. \qquad \text{Gl. A7.12}$$

Tabelle A7.3: Zuweisung Ereignisse und Transaktionen aus Abbildung 4.20

Beschreibung Abb. 4.20	Neue Zuweisung	Beschreibung Abb. 4.20	Neue Zuweisung
$\tilde{E}_{S,B_1}$	1	$\tilde{E}_{S,V_1}$	11
$z^*_{S,B_1B_2}(t)$	2	$z^*_{S,V_1V_2}(t)$	12
$\tilde{E}_{S,B_2}$	3	$\tilde{E}_{S,V_2}$	13
$z^*_{S,B_2B_3}(t)$	4	$z^*_{S,V_2V_3}(t)$	14
$\tilde{E}_{S,B_3}$	5	$\tilde{E}_{S,V_3}$	15
$z^*_{S,B_3B_2}(t)$	6	$z^*_{S,V_3V_2}(t)$	16
$z^*_{S,B_2B_1}(t)$	7	$z^*_{S,V_2V_1}(t)$	17
$z^*_{S,B_1N}(t)$	8	$z^*_{S,V_1N}(t)$	18
$\tilde{E}_{S,N}$	9	$z^*_{S,NB_1}(t)$	19
z^*_{S,NV_1}	10		
$\tilde{T}_{S,B_1B_2}$	A	$t \geq \Delta T_{S,V}$	I
$t \geq \Delta T_{S,B}$	B	$\tilde{T}_{S,V_1V_2}$	J
$\tilde{T}_{S,B_2B_3}$	C	$\tilde{T}_{S,V_2V_3}$	K
$\tilde{T}_{S,B_3B_2}$	D	$\tilde{T}_{S,V_3V_2}$	L
$\tilde{T}_{S,B_2B_1}$	E	$\tilde{T}_{S,V_2V_1}$	M
$\tilde{T}_{S,B_1N}$	F	$\tilde{T}_{S,V_1N}$	N
$t \geq \Delta T_{S,N}$	G	$\tilde{T}_{S,NB_1}$	O
$\tilde{T}_{S,NV_1}$	H		

Die Zustandsänderung Δ ist die Menge aller auftretenden Bewegungen

$$(z', \sigma, z) \in \Delta \qquad \text{Gl. A7.13}$$

des Automaten mit dem Übergang

$$z \xrightarrow{\sigma} z' \qquad \text{Gl. A7.14}$$

und wird als Zustandsübergangsrelation bezeichnet. Da Δ eine Relation ist, existieren für einen gegebenen Zustand und ein gegebenes Ereignis mehrere Nachfolgezustände. Für das ereignisdiskrete Schlittensystem ergibt sich die Relation

$$\Delta = \{(1,\varepsilon,1),(1,A,2),(1,F,8),(2,B,3),(3,C,4),(3,E,7),\dots$$
$$(4,B,5),(5,D,6),(6,B,3),(7,B,1),(8,G,9),(9,H,10),\dots$$
$$(9,O,19),(10,I,11),(11,J,12),(11,N,18),(12,I,13),\dots$$
$$(13,K,14),(13,M,17),(14,I,15),(15,L,16),(17,I,11),\dots$$
$$(18,G,9),(19,B,1)\}.$$

Gl. A7.15

Der Anfangszustand beträgt dabei

$$\mathcal{Z}_0 = 1 \qquad\qquad \text{Gl. A7.16}$$

und der Endzustand $\mathcal{Z}_F$ ist leer, da beliebig oft hintereinander umgeschaltet werden kann. Bei dem nichtdeterministischen Automat kann die Zustandsübergangsmatrix $\mathbf{G}$ in jeder Spalte mehr als einen Eintragen beinhalten. Die Umschaltung der Zustände zum Zeitpunkt k kann durch die Matrix-Vektor Multiplikation

$$\mathbf{p}(k+1) = \mathbf{G}(\sigma(k)) \cdot \mathbf{p}(k), \quad k = 0,1,2,\dots \qquad \text{Gl. A7.17}$$

mit der Anfangsbedingung

$$\mathbf{p}(0) = [1\ 0\ 0\ \dots\ 0]^{\mathrm{T}} \in \mathbb{R}^{19} \qquad\qquad \text{Gl. A7.18}$$

und der Adjazenzmatrix

$$\mathbf{G}_S(\sigma(k)) = \begin{bmatrix} 0 & \cdots & & \cdots & 0 & B & 0 & \cdots & & & & & & \cdots & 0 & B \\ A & 0 & \cdots & & & & & & & & & & & & \cdots & 0 \\ 0 & B & 0 & 0 & 0 & B & 0 & \cdots & & & & & & & \cdots & 0 \\ 0 & 0 & C & 0 & \cdots & & & & & & & & & & \cdots & 0 \\ 0 & 0 & 0 & B & 0 & \cdots & & & & & & & & & \cdots & 0 \\ 0 & 0 & 0 & 0 & D & 0 & \cdots & & & & & & & & \cdots & 0 \\ 0 & 0 & E & 0 & 0 & 0 & 0 & \cdots & & & & & & & \cdots & 0 \\ F & 0 & 0 & 0 & 0 & 0 & 0 & 0 & \cdots & & & & & & \cdots & 0 \\ 0 & \cdots & & & & 0 & G & 0 & \cdots & & & & & 0 & G & 0 \\ 0 & \cdots & & & & 0 & H & 0 & \cdots & & & & 0 & 0 & 0 \\ 0 & \cdots & & & & & 0 & I & 0 & \cdots & & 0 & I & 0 & 0 \\ 0 & \cdots & & & & & 0 & J & 0 & \cdots & & & & \cdots & 0 \\ 0 & \cdots & & & & & 0 & I & 0 & \cdots & & & & \cdots & 0 \\ 0 & \cdots & & & & & 0 & K & 0 & \cdots & & & & \cdots & 0 \\ 0 & \cdots & & & & & & 0 & I & 0 & \cdots & & & \cdots & 0 \\ 0 & \cdots & & & & & & 0 & L & 0 & 0 & 0 & 0 \\ 0 & \cdots & & & & & 0 & M & 0 & \cdots & & & & \cdots & 0 \\ 0 & \cdots & & & & 0 & N & 0 & \cdots & & & & & \cdots & 0 \\ 0 & \cdots & & & 0 & O & 0 & \cdots & & & & & & & \cdots & 0 \end{bmatrix} \in \mathbb{R}^{19\times19}$$

Gl. A7.19

beschrieben werden. Die Sprache $\mathcal{L}(\mathcal{N}_S)$ des nichtdeterministischen Standardautomaten ist die Menge aller Ereignisfolgen, für die es eine Zustandsfolge gibt. Der Nichtdeterminismus tritt bei der Sprachenbildung dadurch auf, dass der Vektor $\mathbf{p}(k)$ mehr als einen Eintrag pro Zeile bzw. Spalte enthalten kann. Dabei ist der Automatenzustand zum Zeitpunkt k nicht eindeutig festgelegt. Weiterhin sei zu erwähnen, dass der Automat des Schlittensystems eine Menge von möglichen Trajektorien vorgibt. Zur Laufzeit wird jedoch immer nur genau eine Trajektorie durchlaufen.

A.8 Parameter PD-Regler

Tabelle A8.1: Parameter des PD-Reglers für das Schlittensystem

Parameter	Wert
K_P	0,8
T_V	0,4
$T_{P,B}$	0,3
$T_{P,V}$	1,1
T_{BV}	0,32 s
T_{VB}	0,14 s

A.9 Einspurmodell

Das lineare Einspurmodell beschreibt die Querdynamik eines Kraftfahrzeugs nur näherungsweise, jedoch physikalisch plausibel. Es wurde 1940 von Riekert und Schunk entwickelt [90]. Dabei beruht die Modellierung auf mehreren Annahmen wie beispielsweise die konstant angenommen Geschwindigkeit, der Vernachlässigung der Wank-, Nick- und Hubbewegung und die Zusammenfassung der Fahrzeugmasse zu einem gemeinsamen Massenmittelpunkt. Eine mathematische Darstellung des Einspurmodells ist in Abbildung A9.1 dargestellt.

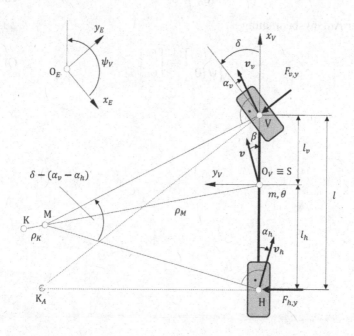

Abbildung A9.1: Mathematische Beschreibung des linearen Einspurmodells [99]

Durch diese vereinfachte Annahmen verbleiben als Bewegungsmöglichkeiten noch der Schwimmwinkel β und die Giergeschwindigkeit $\dot{\psi}_V$. Dabei bezeichnet der Schwimmwinkel die Abweichung zwischen der Fahrzeuglenkachse und der Schwerpunktsgeschwindigkeit. Als Eingangsgröße dient der Lenkwinkel δ. [99]

Für eine konstante Fahrzeuggeschwindigkeit mit $\dot{v} = 0$ ergeben sich somit zwei Gleichungen. In Zustandsraumdarstellung haben diese die Gestalt

$$\begin{bmatrix} \dot{\beta} \\ \ddot{\psi} \end{bmatrix} = \begin{bmatrix} -\frac{c_{\alpha,h}+c_{\alpha,v}}{m\,v} & \frac{c_{\alpha,h}\,l_h-c_{\alpha,v}\,l_v}{m\,v^2}-1 \\ \frac{c_{\alpha,h}\,l_h-c_{\alpha,v}\,l_v}{J_{zz}} & -\frac{c_{\alpha,h}\,l_h^2+c_{\alpha,v}\,l_v^2}{J_{zz}\,v} \end{bmatrix} \begin{bmatrix} \beta \\ \psi \end{bmatrix} + \begin{bmatrix} \frac{c_{\alpha,v}}{m\,v\,i_L} \\ \frac{c_{\alpha,v}\,l_v}{J_{zz}\,i_L} \end{bmatrix} \delta_H \qquad \text{Gl. A9.1}$$

mit der Beziehung

$$\delta_H = \delta_V \cdot i_L \qquad\qquad \text{Gl. A9.2}$$

und der Anfangsbedingung

$$\begin{bmatrix} \beta\,(0) \\ \psi\,(0) \end{bmatrix} = \begin{bmatrix} \beta_0 \\ \psi_0 \end{bmatrix}. \qquad\qquad \text{Gl. A9.3}$$

A.10 Transaktionsbedingungen der ereignisdiskreten Schlitten-Vorsteuerung

① $\tilde{T}_{VS,-4m-2m} \in \mathbb{R}, \quad T_{VS}\left(\Delta z^{*}_{VS,-4m-2m}\right)$

② $\tilde{T}_{VS,-4m-3m} \in \mathbb{R}, \quad T_{VS}\left(\Delta z^{*}_{VS,-4m-3m}\right)$

③ $\tilde{T}_{VS,-4m0m} \in \mathbb{R}, \quad T_{VS}\left(\Delta z^{*}_{VS,-4m0m}\right)$

④ $\tilde{T}_{VS,-4m2m} \in \mathbb{R}, \quad T_{VS}\left(\Delta z^{*}_{VS,-4m2m}\right)$

⑤ $\tilde{T}_{VS,-4m3m} \in \mathbb{R}, \quad T_{VS}\left(\Delta z^{*}_{VS,-4m3m}\right)$

⑥ $\tilde{T}_{VS,-3m3m} \in \mathbb{R}, \quad T_{VS}\left(\Delta z^{*}_{VS,-3m3m}\right)$

⑦ $\tilde{T}_{VS,3m-3m} \in \mathbb{R}, \quad T_{VS}\left(\Delta z^{*}_{VS,3m-3m}\right)$

⑧ $\tilde{T}_{VS,-3m2m} \in \mathbb{R}, \quad T_{VS}\left(\Delta z^{*}_{VS,-3m2m}\right)$

⑨ $\tilde{T}_{VS,2m-3m} \in \mathbb{R}, \quad T_{VS}\left(\Delta z^{*}_{VS,2m-3m}\right)$

⑩ $\tilde{T}_{VS,-2m3m} \in \mathbb{R}, \quad T_{VS}\left(\Delta z^{*}_{VS,-2m3m}\right)$

⑪ $\tilde{T}_{VS,3m-2m} \in \mathbb{R}, \quad T_{VS}\left(\Delta z^{*}_{VS,3m-2m}\right)$

⑫ $\tilde{T}_{VS,-3m-2m} \in \mathbb{R}, \quad T_{VS}\left(\Delta z^{*}_{VS,-3m-2m}\right)$

⑬ $\tilde{T}_{VS,-2m-3m} \in \mathbb{R}, \quad T_{VS}\left(\Delta z^{*}_{VS,-2m-3m}\right)$

⑭ $\tilde{T}_{VS,3m2m} \in \mathbb{R}, \quad T_{VS}\left(\Delta z^{*}_{VS,3m2m}\right)$

⑮ $\tilde{T}_{VS,2m3m} \in \mathbb{R}, \quad T_{VS}\left(\Delta z^{*}_{VS,2m3m}\right)$

⑯ $\tilde{T}_{VS,0m-3m} \in \mathbb{R}, \quad T_{VS}\left(\Delta z^{*}_{VS,0m-3m}\right)$

⑰ $\tilde{T}_{VS,-3m0m} \in \mathbb{R}, \quad T_{VS}\left(\Delta z^*_{VS,-3m0m}\right)$

⑱ $\tilde{T}_{VS,0m3m} \in \mathbb{R}, \quad T_{VS}\left(\Delta z^*_{VS,0m3m}\right)$

⑲ $\tilde{T}_{VS,3m0m} \in \mathbb{R}, \quad T_{VS}\left(\Delta z^*_{VS,3m0m}\right)$

⑳ $\tilde{T}_{VS,-2m2m} \in \mathbb{R}, \quad T_{VS}\left(\Delta z^*_{VS,-2m2m}\right)$

㉑ $\tilde{T}_{VS,2m-2m} \in \mathbb{R}, \quad T_{VS}\left(\Delta z^*_{VS,2m-2m}\right)$

㉒ $\tilde{T}_{VS,0m-2m} \in \mathbb{R}, \quad T_{VS}\left(\Delta z^*_{VS,0m-2m}\right)$

㉓ $\tilde{T}_{VS,-2m0m} \in \mathbb{R}, \quad T_{VS}\left(\Delta z^*_{VS,-2m0m}\right)$

㉔ $\tilde{T}_{VS,2m0m} \in \mathbb{R}, \quad T_{VS}\left(\Delta z^*_{VS,2m0m}\right)$

㉕ $\tilde{T}_{VS,0m2m} \in \mathbb{R}, \quad T_{VS}\left(\Delta z^*_{VS,0m2m}\right)$

A.11 Fragebogen Expertenstudie

Fragenbogen zur Expertenstudie

Längsdynamische Bewegungssimulation

Untersuchung und Bewertung unterschiedlicher
Motion-Cueing-Algorithmen (Bewegungsalgorithmen)
am Stuttgarter Fahrsimulator

Name:

Datum:

Jahrgang:

Jahr des Führerscheinerwerbs:

Probandennummer:

Expertenstudie Längsdynamische Bewegungssimulation   TMI

Vorbefragung

1. Simulator Sickness Questionnaire

Fragen zu Ihrem allgemeinen Wohlbefinden vor der Simulatorfahrt: Bitte kreuzen Sie an, ob die folgenden Symptome auf Ihren aktuellen Zustand zutreffen. Fall ja, wie stark treten die Symptome bei Ihnen in Erscheinung?

		gar nicht	etwas	mittel	stark
FB1.1	allgemeines Unwohlsein	☐	☐	☐	☐
FB1.2	Ermüdung	☐	☐	☐	☐
FB1.3	Kopfschmerzen	☐	☐	☐	☐
FB1.4	angestrengte Augen	☐	☐	☐	☐
FB1.5	Schwierigkeiten, scharf zu sehen	☐	☐	☐	☐
FB1.6	erhöhte Speichelbildung	☐	☐	☐	☐
FB1.7	Schwitzen	☐	☐	☐	☐
FB1.8	Übelkeit	☐	☐	☐	☐
FB1.9	Konzentrationsschwierigkeiten	☐	☐	☐	☐
FB1.10	Kopfdruck	☐	☐	☐	☐
FB1.11	verschwommenes Sehen	☐	☐	☐	☐
FB1.12	Schwindel (geöffnete Augen)	☐	☐	☐	☐
FB1.13	Schwindel (geschlossene Augen)	☐	☐	☐	☐
FB1.14	Gleichgewichtsstörungen	☐	☐	☐	☐
FB1.15	Magenbeschwerden	☐	☐	☐	☐
FB1.16	Aufstoßen	☐	☐	☐	☐

2

2. Fahrzeug- und Simulatorerfahrung

Beantworten Sie bitte nachfolgende Fragen bezüglich Ihren Erfahrungen.

		gar nicht	< 3	< 10	> 10
FB2.1	Wie oft sind Sie bisher in einem vollbeweglichen Fahrsimulator gefahren?	❑	❑	❑	❑

		noch nie gehört	schon mal gehört	grobes Verständnis	tieferes Verständnis
FB2.2	Wussten Sie vor dem heutigen Tag, was ein Motion-Cueing-Algorithmus ist?	❑	❑	❑	❑

		wenig	eher wenig	eher viel	viel
FB2.3	Wie bewerten Sie Ihre Kenntnisse bezüglich Fahrzeugtechnik und Fahrdynamik?	❑	❑	❑	❑

		< 10 Tsd.	10-20 Tsd.	20-30 Tsd.	> 30 Tsd.
FB2.4	Wie viele Jahreskilometer legen Sie zurück?	❑	❑	❑	❑

		Kompakt-klasse	Mittel-klasse	SUV / BUS	Sport-klasse
FB2.5	Welche Fahrzeugklasse sind Sie im vergangenen Jahr regelmäßig gefahren?	❑	❑	❑	❑

		gar nicht	< 10 Min	10-40 Min	> 40 Min
FB2.6	Wieviel Zeit verbringen Sie an einem normalen Arbeitstag am Steuer eines Fahrzeugs?	❑	❑	❑	❑

		gar nicht	kaum	einiges	sehr stark
FB2.7	Wie risikobereit sind Sie beim Autofahren im Allgemeinen?	❑	❑	❑	❑

		ängstlich	mutig	gemütlich	sportlich
FB2.8	Was entspricht am ehesten Ihrem Fahrstil?	❑	❑	❑	❑

Livebefragung

3. Nach Eingewöhnungsfahrt von allen drei Motion-Cueing-Algorithmen

		gar nicht unwohl	etwas unwohl	unwohl	sehr unwohl
FB3.1	Wie ist Ihr Wohlbefinden?	❑	❑	❑	❑

		unrealistisch	eher unrealistisch	eher realistisch	realistisch
FB3.2	Wie ist Ihr Gesamteindruck des Fahrsimulators?	❑	❑	❑	❑

		nein	eher nein	eher ja	ja
FB3.3	Konnten Sie drei unterschiedliche Bewegungsalgorithmen wahrnehmen?	❑	❑	❑	❑

		unrealistisch	eher unrealistisch	eher realistisch	realistisch
FB3.4	Wie bewerten Sie ganz allgemein das Verhalten des Fahrzeugs?	❑	❑	❑	❑

		wenig	eher wenig	eher viel	viel
FB3.5	Wie ist Ihr empfundener Nervenkitzel (Spaß) der erlebten Simulatorfahrten?	❑	❑	❑	❑

		starke Ablehnung	Ablehnung	Zustimmung	starke Zustimmung
FB3.6	Was empfinden Sie gegenüber den wahrgenommenen Bewegungsalgorithmen?	❑	❑	❑	❑

		nein	eher nein	eher ja	ja
FB3.7	Trifft Frage 6 auf alle wahrgenommenen Bewegungsalgorithmen zu?	❑	❑	❑	❑

4

4. Empfinden des Motion-Cueing-Algorithmus Nr. 1 (MCA: _____)

	unrealistisch	eher unrealistisch	eher realistisch	realistisch
FB4.1 Wie bewerten Sie die erlebte Simulatorfahrt?	❑	❑	❑	❑

	unangenehm	eher unangenehm	eher angenehm	angenehm
FB4.2 Wie bewerten Sie das Kipp-verhalten des Simulators?	❑	❑	❑	❑

	nicht spürbar	kaum spürbar	etwas spürbar	stark spürbar
FB4.3 Haben Sie eine Vorsteuerung wahrnehmen können?	❑	❑	❑	❑

	nein	eher nein	eher ja	ja
FB4.4 Konnten Sie Unterschiede im Beschleunigungs- und Verzö-gerungsverlauf wahrnehmen?	❑	❑	❑	❑

	nein	eher nein	eher ja	ja
FB4.5 Konnten Sie einen Unterschied zur vorherigen Fahrt feststellen?	❑	❑	❑	❑

	unangenehm	eher unangenehm	eher angenehm	angenehm
FB4.6 Wie haben Sie die Bewegung des Fahrsimulators wahr-genommen?	❑	❑	❑	❑
	nervig	eher nervig	eher nett	nett
	❑	❑	❑	❑
	unnötig	eher unnötig	eher effizient	effizient
	❑	❑	❑	❑
	ärgerlich	eher ärgerlich	eher erfreulich	erfreulich
	❑	❑	❑	❑
	nicht wünschens-wert	eher nicht wünschens-wert	eher wünschens-wert	wünschens-wert
	❑	❑	❑	❑

5. Empfinden des Motion-Cueing-Algorithmus Nr. 2 (MCA: _____)

		unrealistisch	eher unrealistisch	eher realistisch	realistisch
FB5.1	Wie bewerten Sie die erlebte Simulatorfahrt?	❏	❏	❏	❏

		unangenehm	eher unangenehm	eher angenehm	angenehm
FB5.2	Wie bewerten Sie das Kippverhalten des Simulators?	❏	❏	❏	❏

		nicht spürbar	kaum spürbar	etwas spürbar	stark spürbar
FB5.3	Haben Sie eine Vorsteuerung wahrnehmen können?	❏	❏	❏	❏

		nein	eher nein	eher ja	ja
FB5.4	Konnten Sie Unterschiede im Beschleunigungs- und Verzögerungsverlauf wahrnehmen?	❏	❏	❏	❏

		nein	eher nein	eher ja	ja
FB5.5	Konnten Sie einen Unterschied zur vorherigen Fahrt feststellen?	❏	❏	❏	❏

		unangenehm	eher unangenehm	eher angenehm	angenehm
FB5.6	Wie haben Sie die Bewegung des Fahrsimulators wahrgenommen?	❏	❏	❏	❏

	nervig	eher nervig	eher nett	nett
	❏	❏	❏	❏
	unnötig	eher unnötig	eher effizient	effizient
	❏	❏	❏	❏
	ärgerlich	eher ärgerlich	eher erfreulich	erfreulich
	❏	❏	❏	❏
	nicht wünschenswert	eher nicht wünschenswert	eher wünschenswert	wünschenswert
	❏	❏	❏	❏

6. Empfinden des Motion-Cueing-Algorithmus Nr. 3 (MCA: _____)

		unrealistisch	eher unrealistisch	eher realistisch	realistisch
FB6.1	Wie bewerten Sie die erlebte Simulatorfahrt?	❑	❑	❑	❑

		unangenehm	eher unangenehm	eher angenehm	angenehm
FB6.2	Wie bewerten Sie das Kippverhalten des Simulators?	❑	❑	❑	❑

		nicht spürbar	kaum spürbar	etwas spürbar	stark spürbar
FB6.3	Haben Sie eine Vorsteuerung wahrnehmen können?	❑	❑	❑	❑

		nein	eher nein	eher ja	ja
FB6.4	Konnten Sie Unterschiede im Beschleunigungs- und Verzögerungsverlauf wahrnehmen?	❑	❑	❑	❑

		nein	eher nein	eher ja	ja
FB6.5	Konnten Sie einen Unterschied zur vorherigen Fahrt feststellen?	❑	❑	❑	❑

		unangenehm	eher unangenehm	eher angenehm	angenehm
FB6.6	Wie haben Sie die Bewegung des Fahrsimulators wahrgenommen?	❑	❑	❑	❑
		nervig	eher nervig	eher nett	nett
		❑	❑	❑	❑
		unnötig	eher unnötig	eher effizient	effizient
		❑	❑	❑	❑
		ärgerlich	eher ärgerlich	eher erfreulich	erfreulich
		❑	❑	❑	❑
		nicht wünschenswert	eher nicht wünschenswert	eher wünschenswert	wünschenswert
		❑	❑	❑	❑

Nachbefragung

7. Eindruck und Bewertung der Simulatorfahrt

Beantworten Sie bitte nachfolgende Fragen bezüglich Ihrer erlebten Simulatorfahrt.

		nein	eher nein	eher ja	ja
FB7.1	Konnten Sie tendenziell unterschiedliche Bewegungs- algorithmen identifizieren?	❑	❑	❑	❑

		nein	ja	Falls ja, welcher?	keine Aussage
FB7.2	Ist Ihnen ein Bewegungs- algorithmus besonders realistisch vorgekommen?	❑	❑	Nr. _____	❑

		nein	eher nein	eher ja	ja
FB7.3	Konnten Sie jeweils sowohl Kippbewegungen als auch translatorische Bewegungen wahrnehmen und unterscheiden?	❑	❑	❑	❑

		weniger	eher weniger	eher mehr	mehr
FB7.4	Wünschen Sie sich noch mehr oder eher weniger Kipp- bewegungen?	❑	❑	❑	❑

		nein	eher nein	eher ja	ja
FB7.5	Haben Sie unterschiedliche Intensitäten der Bewegungs- algorithmen wahrnehmen können?	❑	❑	❑	❑

		Nr. 1	Nr. 2	Nr. 3	keine Aussage
FB7.6	Welchen der drei Bewegungs- algorithmen würden Sie zukünftig am liebsten fahren?	❑	❑	❑	❑

FB7.7	Haben Sie Vorschläge zur Verbesserung der Bewegungs- algorithmen?

8. Simulator Sickness Questionnaire

Fragen zu Ihrem allgemeinen Wohlbefinden nach der Simulatorfahrt: Bitte kreuzen Sie an, ob die folgenden Symptome auf Ihren aktuellen Zustand zutreffen. Fall ja, wie stark treten die Symptome bei Ihnen in Erscheinung?

		gar nicht	etwas	mittel	stark
FB8.1	allgemeines Unwohlsein	❑	❑	❑	❑
FB8.2	Ermüdung	❑	❑	❑	❑
FB8.3	Kopfschmerzen	❑	❑	❑	❑
FB8.4	angestrengte Augen	❑	❑	❑	❑
FB8.5	Schwierigkeiten, scharf zu sehen	❑	❑	❑	❑
FB8.6	erhöhte Speichelbildung	❑	❑	❑	❑
FB8.7	Schwitzen	❑	❑	❑	❑
FB8.8	Übelkeit	❑	❑	❑	❑
FB8.9	Konzentrationsschwierigkeiten	❑	❑	❑	❑
FB8.10	Kopfdruck	❑	❑	❑	❑
FB8.11	verschwommenes Sehen	❑	❑	❑	❑
FB8.12	Schwindel (geöffnete Augen)	❑	❑	❑	❑
FB8.13	Schwindel (geschlossene Augen)	❑	❑	❑	❑
FB8.14	Gleichgewichtsstörungen	❑	❑	❑	❑
FB8.15	Magenbeschwerden	❑	❑	❑	❑
FB8.16	Aufstoßen	❑	❑	❑	❑

A.12 Probandeninformationen

Tabelle A12.1: Probandeninformationen der Expertenstudie

Probanden Nr.	Geschlecht	Alter	Permutation
1	weiblich	49	MCA_2 - MCA_1 - MCA_3
2	männlich	29	MCA_2 - MCA_1 - MCA_3
3	weiblich	36	MCA_3 - MCA_1 - MCA_2
4	männlich	28	MCA_3 - MCA_2 - MCA_1
5	männlich	35	MCA_1 - MCA_3 - MCA_2
6	männlich	27	MCA_1 - MCA_2 - MCA_3
7	männlich	30	MCA_2 - MCA_3 - MCA_1
8	männlich	34	MCA_2 - MCA_3 - MCA_1
9	männlich	31	MCA_3 - MCA_1 - MCA_2
10	männlich	30	MCA_3 - MCA_2 - MCA_1
11	männlich	28	MCA_1 - MCA_3 - MCA_2
12	weiblich	27	MCA_1 - MCA_2 - MCA_3

Printed in the United States
By Bookmasters